Die Waldrechte

in

Elsaß-Lothringen,

deren Entstehung, Regelung und Ablösung.

Von

F. von Bodungen,

Kaiserlichem Oberförster zu Schloß Lützelstein im Elsaß.

Straßburg.

Verlag von Karl J. Trübner.

1878.

Buchdruckerei von G. Otto in Darmstadt.

Vorwort.

Die Gesetzgebung gestattet aus Gründen des öffentlichen Wohles die Aufhebung der Waldrechte durch Ablösung. Die Waldrechte bilden aber häufig die Grundlage der wirthschaftlichen Wohlfahrt von ländlichen Gemeinden. Das Gesetz trägt diesem bezüglich des Weiderechts besondere Rechnung. Das ebenso wichtige Brennholzrecht soll durch Waldabtretung abgefunden werden, jedoch die Größe des abzutretenden Waldes nach dessen Kapitalwerth und nicht in der Größe bemessen werden, daß eine nachhaltige Deckung der Berechtigung aus demselben gesichert ist. Die Berechtigten müssen sich also eine Schmälerung ihrer früheren Bezüge gefallen lassen. Läßt dieser Eingriff in die Rechte der Gemeinden sich dadurch rechtfertigen, daß man die Wälder zerstückelt? — Gewiß nicht! — Im Interesse der Waldwirthschaft kann nur erwünscht sein, daß **lästige** Waldrechte baldigst beseitigt werden. Eine Brennholzabgabe für eine ganze Gemeinde kann nicht lästig sein, wenn sie festgesetzt und sonst angemessen geregelt ist. Dieses muß noch erstrebt werden. Der Rechtsweg ist dabei ausgeschlossen. An der Sorglosigkeit Einzelner scheitern gütliche Vereinbarungen. Das Gesetz will alle Mißstände dieser Art mit der Waldtheilung schlichten, allein diese Maßregel führt im Allgemeinen zum Verderben der Wälder und der wirthschaftlichen Wohlfahrt. Das Gesetz entspricht in fraglicher Beziehung nicht mehr den praktischen Anschauungen der heutigen Zeit, und es ist Sache des Gesetzgebers, verbessernd einzugreifen. In der That liegt dazu dringendes Bedürfniß vor.

Auf mehrseitige Aufforderungen hat der Verfasser einige für das praktische Bedürfniß diensam scheinende Verbesserungen des Forstgesetzes entworfen, hoffend, damit maßgebende Persönlichkeiten anzuregen, diese überaus wichtige Angelegenheit zu fördern.

Zur Zurechtfindung schien es angemessen, eine kurze Darstellung über die Entstehung, Regelung und Ablösung der Waldrechte voranzusetzen. Die an die geltenden Bestimmungen des Forstgesetzes geknüpften Bemerkungen und Erläuterungen, deren wichtigste Quelle die Begründung der Regierungsvorlagen und die Verhandlungen der Landesvertretung bildeten, sollen über zweifelhafte Punkte Aufklärung geben. Die französische Rechtsprechung ist dabei weniger berücksichtigt, da diese sehr widersprechend ist und den Elsaß-Lothringer Eigenthümlichkeiten wenig Rechnung trägt.

Am Schlusse sind die geltenden gesetzlichen Bestimmungen zusammengestellt.

Die von dem Verfasser benutzten wichtigeren Werke sind:

Baudrillart, Code for.
Duvergier, Noten zum Code for.
Dalloz, Repert. s. v. Usage.
Méaume, Droits d'usage.
Proudhon-Curasson, Droit d'usage.
Zachariä, französ. Civilrecht.

Inhalts-Verzeichniß.

Entstehung der Waldrechte.

Die Vorfahren hatten in den ältesten Zeiten keine festen Wohnsitze, sie trieben hauptsächlich Viehzucht und zogen der Ernährung ihrer Herden wegen von einem weidereichen Orte zum andern, abgebrannte Steppen hinterlassend. Was sie bedurften, spendete die Natur. Ihre Blockhäuser waren leicht aufgeschlagen. Der wald- und wasserreiche Landstrich zwischen Rhein und Mosel bildete bald Hirten-, Jäger- und Fischervölker. Tauschhandel entstand und erweckte Betriebsamkeit. Die Fruchtbarkeit des Bodens lenkte zur Feldcultur. Der Urwald bot Räumlichkeit im Ueberfluß. Ueppige Oasen entstanden in den Flußthälern. Es entspann sich Sinn für eine Heimstätte. Mit der Einsamkeit befreundet, entbehrte man die Genüsse der Geselligkeit nicht. Zerstreut lagen die ersten Ansiedelungen, jedes Gehöft vor den Raubthieren der Wildniß durch Einzäunungen geschützt. Die Ansässigkeit bedingte Aenderung der Lebensweise, und es entstand das behagliche altväterliche Familienleben. Kinder vergrößerten den häuslichen Kreis. Die benachbarten Familien traten in Verkehr. Gemeinschaftliche Unternehmungen und Bündnisse wurden geschlossen. Bekanntschaften bildeten neue Ansiedelungen in der Umgebung. Nach und nach rückten die verwandten Familien bei ihrer Vermehrung einander näher, durch fortwährende Rodung einen Zusammenhang unter ihren Aeckern herstellend. Aus Einzelhöfen entstanden Dörfer. Das Mein und Dein kam zur Geltung. Streitigkeiten unter Nachbaren und Einwanderungen trieben zur Besitzergreifung der zunächst belegenen Gemeinheiten. Feld und Gemeinheiten wurden mit Zeichen umgrenzt, und Marken hergestellt. Der unabsehbare Wald blieb Eigenthum Aller in Bezug auf Bedürfnisse, die er befriedigen konnte. Die Nutzungen der Jagd, der Weide, der Mast, des Holzes ꝛc. waren fast werthlos. Lange Zeit konnten dieselben bei spärlicher Bevölkerung und einem überreichen Waldbestande unbeschränkt und unbegrenzt ausgeführt werden. Mit der zunehmenden Ausdehnung der Ansiedelungen traten aber allmählich Ueberschreitungen ein. Bedenklich wurde der Jäger bei der Verfolgung des Ebers und der Hirt bei der Begleitung der Herden. Vereinbarungen entstanden unter den benachbarten Hof- und Dorfbewohnern. In den durch die natürliche Lage und Begrenzung bestimmten Waldorten bildeten sich Markgenossenschaften zur regelrechten Ausübung der gemeinschaftlichen Waldnutzungen. Abgelegene und unzugängliche Wildnisse in den großen zusammenhängenden Waldungen waren davon ausgeschlossen und dienten als Eigenthum Aller der Jagdleidenschaft und Götzenverehrung.

Den Kern des Volkes[1] bildeten die Freien. Unter diesen standen die Hörigen (Liten oder Halbfreien); sie entbehrten des freien Grundbesitzes und besaßen nur Land, für das sie einem Herrn dienten oder zinsten. Noch tiefer standen die Knechte, die als Sache galten, ge- und verkauft werden konnten und somit in harter und strenger Abhängigkeit sich befanden, jedoch mit der römischen Sklavenwirthschaft wenig gemein hatten. Es gab auch einen, wenn auch nicht sehr zahlreichen Adel; seine Mitglieder, die „Adalingen“ oder „Ethelinge“, galten als besonders angesehen und einflußreich. An der Spitze der Verwaltung stand der vom Volke aus der Klasse der Edeln gewählte Gaufürst, der Graf. Nur bei den wichtigsten Angelegenheiten über Krieg und Frieden und im Kriege trat an die Spitze der Völkerschaften ein ebenfalls vom Volke gewählter Heerführer, Herzog. Das Herzogthum zerfiel in

[1] **Die Kelten behaupteten die Ureinwohner zu sein. 100 vor Chr. hatten sich bereits deutsche Stämme, die Rauriker und Sequaner, die Triboker und Nemeter im Elsaß, sowie die Mediomatriker in Lothringen niedergelassen.**

mehrere Gaue (Völkerschaften), deren Gebiete durch natürliche Grenzen bestimmt wurden. Landestheile, die kleiner als die Gaue waren, hießen Marken. Eine enge Verbindung außer der Familie begründete die Dorf- und Markverfassung. Alle Glieder des freien Volkes hatten verhältnißmäßig gleiche Rechte und Lasten, welche Gebrauch und Volksbeschluß, der Größe des Grundbesitzes entsprechend, festgestellt hatten. Die Felder des in Besitz genommenen Bezirks, der Mark, wurden unter die einzelnen Genossen getheilt. Wald und Weide diente aber Allen zur Nutznießung nach bestimmten Regeln und in abgemessenem Umfang unter der Bezeichnung: „gemeine Mark" oder „Almende". Zur Pflege des Rechts versammelten sich die freien Männer. Unter freiem Himmel wurde Gericht gehalten, das Verfahren war öffentlich und mündlich. Sie hatten viele Götter und Göttinnen, die sie aber nicht in Tempeln, sondern in Wäldern und Hainen verehrten. Diese geheiligten Hainen blieben aus Gottseligkeit von allen Nutzungen verschont.

So standen etwa die Verhältnisse der Vorfahren vor der Römerzeit. Durch den Sieg Cäsars über Ariovist (58 vor Chr.) wurde das Gebiet zwischen dem Rhein und den Vogesen, wie ganz Gallien, römische Provinz. Zahlreiche Militärstationen und Kolonien sicherten die römische Herrschaft. Städte wie z. B. Altbreisach, Horburg, Straßburg, Brumath, Selz, Zabern rc. wurden angelegt und Straßen durchzogen das Land. Germanische Völker, Alemannen, drangen seit dem 3. Jahrhundert wiederholt über den Rhein, wurden zwar bis 357 nach Chr. zurückgetrieben, breiteten sich aber hiernach siegreich bis zu den Pässen von den Vogesen aus und herrschten seit dem 5. Jahrhundert am rechten und linken Ufer des Rheins. Fränkische Ansiedelungen dehnten sich im nördlichen Theile des Elsaß bis an den Hagenauer Forst aus.

Nur kurze Zeit nach dem Rückzuge der Römer waren die Alemannen im freien Besitz des Landes. Trotz der römischen Herrschaft hatten diese sich ihre Sitte und Sprache bewahrt.

Durch den Sieg Chlodwig's (i. J. 496) beugten sich die Alemannen der Herrschaft der Franken. Das Heidenthum fällt und das Christenthum findet eine rasche Verbreitung, aber auch die freie Verfassung verschwindet: die oberste Leitung des Volkes geht aus den Händen der Gesammtheit in die eine Hand des Frankenkönigs über, das Königthum erhält volle unumschränkte Herrschaft und die gesammte richterliche Gewalt überträgt der König auf die von ihm ernannten Beamten, die Grafen, deren Gebiete oder Grafschaften bald einen, bald mehrere Gauen umfaßten.[1] Aber schon seit der letzten Hälfte des 7. Jahrhunderts finden sich im Elsaß einzelne Gebiete, welche, zu Gunsten der Kirche, der Gerichtsbarkeit der Grafen entzogen waren: z. B. der Südgau an das Straßburger Bisthum, der Nordgau an die Abtei Weißenburg (oberes und unteres Mandat). Neben zahlreichen Grafschaften[2] entstanden Bisthümer und Klöster,[3] zu deren Unterhaltung den kleinen Grundbesitzern der Zehnten auferlegt wurde. Für die Kriegsfolge 2c. belehnte der König die Grafen, Bischöfe und Aebte mit dem Genuß verschiedener Ländereien. Das Lehnsband machte ihn zum Herrn von fast jeder Privatbesitzung. Als ehemalige Königshöfe werden genannt: Weißenburg, Hagenau, Brumath, Selz, Straßburg, Colmar, Schlettstadt u. a. An die Stelle des herkömmlichen Besitzes der Markwaldungen trat das Eroberungsrecht. Doch nicht völlig sind sie durch die anmaßende Allgewalt erloschen, wir finden sie unter verschiedenen Besitzverhältnissen. Die meisten sind jetzt Eigenthum der Gemeinden, andere sind in Privatbesitz oder an Genossenschaften oder an Anstalten gekommen oder aus-

[1] Für die Waldungen zwischen Straßburg und Dürkheim in der Pfalz soll, nach einer unverbürgten Tradition, von einem fränkischen Könige die Eintheilung in 16 Geraidte gemacht worden sein, wobei den Bewohnern dieses Landstriches zugleich besondere Rechte zum gemeinschaftlichen Gebrauch derselben verliehen worden seien.

[2] Eine dem fränkischen Zeitpunkt eigene Landeseintheilung war auch die der Botengebiete (Vogteien), deren Verwalter hauptsächlich den Zweck hatten, die dem königlichen Schatze zufließenden Abgaben zu sammeln und für die Ausübung der bestehenden Gesetze besorgt zu sein.

[3] Als die ältesten religiösen Stiftungen sind die Abtei Ebersheimmünster, das Frauenkloster St. Stephan in Straßburg, die Abtei Neuweiler zu nennen.

gerodet, manche endlich mit den ungetheilten und belasteten Waldungen verschmolzen. Selbst die Bezeichnung hat sich erhalten: z. B. der Markwald bei Zabern, obgleich dieser schon im 8. Jahrhundert der Abtei Mauersmünster verliehen worden war.

Alle öffentlichen Waldungen mit den geheiligten Hainen erlagen der Schaltung des Königs. Er bedachte damit die Geistlichkeit und die fränkischen Großen und Beamten. Bedeutende Waldungen erwarben die fränkischen Könige namentlich im vogesischen Grenzgebirge, ferner bei Weißenburg und Hagenau. Die Jagdleidenschaft [1] gab vorzüglich zur Einbannung der Wälder Veranlassung, um das Jagdvergnügen möglichst uneingeschränkt genießen zu können. Dadurch wurden die von Nutzungsrechten verschont gebliebenen urwaldlichen Reste erhalten.

Inzwischen hatte unter Karl d. Gr. das Reich der Franken seine welthistorische Mission, das wirre Gemenge germanischer Völkerstämme zu einer Einherrschaft zusammen zu schmelzen rc., erfüllt. Nach fränkischem Erbrechte wurde aber die Einherrschaft wie eine Privathinterlassenschaft behandelt. Zudem traten die volksthümlichen Verschiedenheiten in ihr Recht ein. Es war daher die Einheit des Reichs nicht aufrecht zu erhalten, und so wurde unter den Nachfolgern Karls d. Gr. dasselbe wiederholt getheilt. Entscheidend für bürgerliche und Culturverhältnisse blieb der nach den Sprachgrenzen vollzogene Vertrag zu Mersen 870.

Im Anfange des 7. Jahrhunderts begann sich im Innern des Landes immer mächtiger eine hochstehende einflußreiche Vornehmherrschaft zu erheben. Ende des 9. Jahr-

---

[1] Strobel I, S. 135. Karls d. Gr. Sohn und Nachfolger, Kaiser Ludwig der Fromme, besuchte Elsaß 817, 821 u. 825, um mit der Jagd sich zu vergnügen. Damals war der Wasgau reich an großem und kleinem Wilde: Auerochsen, wilde Pferde, Bären, Wölfe, Gemsen rc. boten in dem noch wenig bewohnten Gebirge dem emsigen Jäger mannigfaltige Beute dar. — Steger S 51. Im Jahre 1005 bauten Herren und Edelleute die Burg sammt dem Dorfe Hagenau an dem Fluß der Moder, „erstlich von wegen des Wildes", und benannten sie nach einem Hag, den, weil er von Flußarmen zu einer Insel gemacht wurde, die Hirsche zu ihrem Schutz auserkoren hatten. — In Jagd und Krieg ging überhaupt das Leben des Ritters auf.

hunderts hatten die Mächtigen, Herzöge, Grafen und andere weltliche Oberbeamten sowohl als die Bischöfe und Aebte, sich schon einen viel höheren Grad von Unabhängigkeit zu erwerben gewußt, als sie in den vergangenen Zeiten besaßen. Auch fingen sie damals allgemein an, auf ihre Besitzungen so viel Anbauer zu ziehen als ihnen nöthig schien, damit diese, bei geringen Abgaben, hauptsächlich durch den persönlich zu leistenden Kriegsdienst ihr Ansehen erhöhten und ihre Macht unterstützten.

Als aus den Trümmern des Fränkischen Reichs sich Deutschland bildete, entstanden die scharf abgegrenzten Stände der Gesellschaft; die Gebiete zerfielen in eine große Anzahl selbstständiger, reichsunmittelbarer Herrschaften. So lange die deutsche Reichsgewalt mächtig war, fand das Gemeinwesen die größte Begünstigung. Im 12. Jahrhundert war aber die kaiserliche Macht über die Großen des Reichs sehr vermindert worden: die mächtigen Familien hatten sich nach und nach unabhängig gemacht; ihre Würden waren erblich geworden; der Kaiser ernannte nicht mehr wie sonst die Herzöge und Grafen. Es erhoben sich damals die großen Fürstenhäuser, die späterhin auf das Schicksal Deutschlands einen so bedeutenden Einfluß ausübten, und die gänzliche Einheit dieses ausgedehnten Staatskörpers immer unmöglicher machten. Bei diesem allgemeinen Streben nach Befreiung von der bisherigen obersten Gewalt, blieb die Klasse der Landeigenthümer ꝛc. nicht zurück. Es wurde bei den Familien, die Besitzthümer hatten, die Sitte allgemein, sich nach denselben zu nennen. (Entstehung der sog. adeligen Familien.)

Das Reichsoberhaupt mußte, um überhaupt noch Glanz der Kaiserkrone leuchten zu lassen, mit Schenkungen fortfahren. Die noch vorhandenen öffentlichen Waldungen mit den geheiligten Hainen boten dazu das billigste Mittel. Unter den vielen Schenkungen beispielsweise[1] folgende:

Kaiser Heinrich III. hatte zwar im Jahre 1056 dem Grafen Eberhard von Sponheim duas villas Hochfeld et Schweighusun dictas cum foresto Heiligenforst nominato in pago Nordgowe (Elsaß Nordgau) ge-

[1] Strobel I., S. 406, 417. II. S. 72, 147.

geben, aber unter den Hohenstaufen war dieser Hagenauer Forst doch wieder Reichsgut, wie aus Folgendem hervorgeht:

Kaiser Friedrich I. (Barbarossa) gewährte am 27. II. 1158 in Hagenau dem von seinem Vater gestifteten Kloster Neuburg, im heiligen Forste, seine Besitzungen von 12 Höfen, und verlieh ihm überdies das Recht, seine Thiere, mit Ausnahme der Schafe, in diesem Walde weiden zu lassen, das zum Brennen nöthige Holz darin zu fällen, doch nie Bauholz wegzunehmen, ohne von den k. Beamten dazu das Recht zu haben.

Auf der Ebene bei Mont-Malo gab Friedrich am 25. VI. 1164 der Stadt Hagenau die Urkunde, welche ihre Rechte und Freiheiten festsetzte. Darin heißt es bezüglich der Waldrechte:

„Aus freiwilligem Antriebe gewährt auch der Kaiser den Gebrauch des dabei liegenden Waldes, in diesem Sinne, daß jeder Einwohner, was er von Bauholz und Brennholz nöthig hat, in demselben fällen, auch das ihm nothwendige Heu einsammeln darf; an Eichen und Buchen soll aber Niemand die Hand legen, es sei denn, daß sie zum Baue der Häuser dienen sollen. Schweine und andere Thiere, Schafe ausgenommen, darf jeder Bürger, der den Hirten dafür bezahlt, darin weiden lassen."

Kaiser Heinrich VII. beschenkte am 19. VIII. 1310 das Kloster Biblisheim mit Weide- und Holzrecht im Hagenauer Forst. Am 19. IX. 1310 bestätigt er den Nonnen des Klosters Sankt Walpurgis ihr Weiderecht im Hagenauer Forst.

Ludwig der Bayer übertrug im Jahre 1337 der Reichsstadt Hagenau die Mitaufsicht über den Forst, welche zuvor dem Landvogte allein zustand. Von da an übte die Stadt gemeinsam mit letzterem die Gerichtsbarkeit und das Jagdrecht und hatte Antheil an den Strafgeldern, welche Rechte mehrere spätere Kaiser bestätigten.

Das Bisthum Straßburg hatte frühzeitig schon bedeutende Reichsgüter in festen Besitz bekommen, denn nach Mitte des 13. Jahrhunderts war der Bischof von Straßburg durch seine ausgebreiteten Besitzungen, weltliche Macht 2c. der gewaltigste Fürst des Landes. Ebenso besaßen zu dieser

Zeit die Bisthümer Metz, Zabern ꝛc., sowie die Klöster Selz, Neuweiler, Obersteigen, Mauersmünster ꝛc. großes Grundeigenthum.

König Dagobert schenkte dem Kloster Weißenburg den Königshof Weißenburg mit einer sehr bedeutenden Waldmark, und mit der Befreiung von der Gerichtsbarkeit der k. Beamten, wovon der Bezirk später den Namen Mundat führte. In demselben waren viele Dörfer und die Stadt Weißenburg entstanden und hatten Nutzungsrechte in den Waldungen erlangt. In Folge von Streitigkeiten, welche sich zwischen dem Klosterabte und der Bürgerschaft erhoben hatten, übernahm der Kaiser Rudolf von Habsburg Ende des 13. Jahrhunderts das Amt des Schiedsrichters:

„Drei mit Wälder bewachsene Berge, Bannholz, Dowelberg und Bremelberg, gehören allein dem Abte zu; aber alle übrigen dem Kloster im Weißenburger-Gebiete zustehenden Wälder seien Almende. Uebrigens solle Niemand in denselben Holz fällen, als wenn es der Abt erlaubt: dieser allein könne daraus so viel Holz nehmen als er zum Bau seiner Höfe, Kirchen und Häuser brauche. Alle im Gebiete von Weißenburg wohnenden Leute haben das Recht ihre Schweine in den Wald zu den Eicheln zu treiben; thue dieses aber Jemand, der dem Gebiete fremd sei, so könne der Abt mit Hilfe seiner Kriegsleute und der Bürger die fremden Schweine fangen und damit vornehmen, was ihm gut dünke. Außerdem habe jeder Einwohner der Stadt das Recht, in diesen Waldungen drei Bäume zu fällen, um eine Kelter davon zu machen.“

Später übten der Abt und die Stadt gemeinsam die Mundatherrlichkeit aus. Die Dörfer blieben Eingeforstete mit begrenzten Nutzungsrechten, und als das Kloster eingezogen worden war, erhielt der Staat von den Kammerwaldungen das Alleineigenthum, von den übrigen das Miteigenthum mit der Stadt Weißenburg; jetzt Bayern und Elsaß-Lothringen je in seinem Gebiete.

Die Gemeinden hatten sich in diesem Zeitabschnitt noch theilweise das volle Verfügungsrecht über ihre Almenden bewahrt; als Beweis diene, daß z. B. die Gemeinde von Großweiler laut Urkunde v. 25. V. 1280 den Johannitern von Dorlisheim einen Weg als Erblehn überläßt. (A. Stöber S. 268.)

Nach Mitte des 13. Jahrhunderts war das Ansehen des Reichsoberhauptes so viel als zernichtet, und alle Bande, die den deutschen Sta itskörper zusammen halten sollten, hatten sich gelöst. Wo Zügellossigkeit herrscht, und kein mildernder Einfluß zwischen den sich widerstrebenden Interessen das Gleichgewicht hält, wächst das Selbstgefühl immer mehr, und Jeder strebt Fesseln, die auf ihm liegen, abzuwerfen, um sein eigener Herr zu werden. Es begann die schreckliche Zeit des Faustrechts, wo überall Gewalt vor Recht ging. Viele Ritter hatten sich feste Burgen gebaut, von denen aus sie die Umgegend plagten. Die wehrlosen Landleute flüchteten hinter den Schild des benachbarten Burgherrn, Haus und Hof dem ritterlichen Schutze aufopfernd. Einzelhöfe verschwanden, und es bildeten sich geschlossene Dörfer, in denen Jeder gleiche Rechte und Verpflichtungen hatte. Adel und Geistlichkeit wurden bald unumschränkt gebietende Herren über den Grundbesitz, und durch die Anmaßung willkürlicher Gewalt über die Persönlichkeit jedes Bauern entwickelte sich die Leibeigenschaft.

Die bis zur Leidenschaft gesteigerte Sucht der kleinen Befehdungen und Kriege legte sich in den letzten Jahren des 15. Jahrhunderts, theils durch die Maßregeln, welche Friedrich III. und Maximilian I. zur Aufstellung einer gesetzlichen Ordnung in Deutschland ergriffen, theils auch durch den Fortschritt der Zeit selber, und die sich immer mehr gegen jenen Uebelstand aussprechende öffentliche Meinung. Um dem vielfachen Schaden abzuhelfen, den die oft so drückenden Kriegsereignisse herbeigeführt hatten, ließen sich geistliche und weltliche Landesherren, sowie der Kaiser selbst, willig finden, durch Vergünstigungen und Verleihungen von Rechten dem Wohlstande neue Quellen zu eröffnen, damit der Fleiß und die Thätigkeit wieder erringen könnten, was der Drang der Zeit zernichtet hatte. Allein zu spät wurden die verübten Sünden erkannt. Ueberall war dem Bauernstande das Bedürfniß einer Erleichterung der mannigfaltigen ihn drückenden Lasten fühlbar; Aufregungen fanden statt; nur wußten die Bauern weder in ihren Ansprüchen Maß und Ziel zu halten, noch auch rechtmäßige Mittel zu finden, um sich eine bessere Lage zu verschaffen. Ein im Schwarzwalde, aus Unwillen gegen Abgabenlast, i. J. 1524 entstandener Aufruhr rief bald andere ähnliche Auftritte im südlichen und westlichen Deutschland hervor, nahm späterhin das Interesse für Religion zum Deckmantel, und gab im darauf folgenden Jahre zu einem Aufstand Anlaß, während dessen sich der eigentliche Grund der Aufregung bald als ein glühender Haß gegen Adel und Geistlichkeit herausstellte. Der Bauernkrieg, unheilbringend in seinen Aeußerungen, erreichte sein Ende, ohne Denen, die ihn erregt hatten, den geringsten Vortheil gebracht zu haben. Im Anfange des 17. Jahrhunderts hatte das Land abermals zuerst in dem sog. Jülich'schen Erbfolgekrieg und später in dem großen Religionskrieg durch die Verwüstungen der Truppen schwer zu leiden, namentlich war die Zeit der Schwedenherrschaft die unglücklichste des Oberelsaß. Die Felder blieben unbebaut, zum Hunger gesellte sich noch eine verheerende Krankheit. In diesem Zeitabschnitte war Ober- und Nieder-Elsaß, weniger Lothringen, stark entvölkert. Die regierenden Herrschaften, den Charakter kaiserlicher Vasallen verlierend, suchten neue Ansiedler in's Land zu bringen, da eine Menge von Aeckern und Wiesen unbebaut und verödet dalagen, und sie versprachen denselben freies Land, Nutzungsrechte 2c. Es fanden denn auch bedeutende Einwanderungen, namentlich aus der Schweiz statt. Graf Friedrich Casimir von Hanau-Lichtenberg erließ im Jahre 1651 eine Verordnung, laut welcher ein jeder hanauische Unterthan die Rechtstitel seiner Grundbesitzungen vorweisen sollte, weil während des langen verderblichen Krieges viele Geschlechter ausgestorben und die Grenz- und Marksteine verrückt waren. Eine neue Gütereintheilung fand statt und neue Bannbücher wurden allenthalben angelegt.

Im Westfälischen Frieden im Jahre 1648 verzichtete der deutsche Kaiser auf die Oberherrschaft über Elsaß zu Gunsten der Krone Frankreichs, welches jedoch erst nach dem Frieden von Nymwegen i. J. 1678 über ganz Elsaß, außer Straßburg, zur Verwirklichung kam. Am 4. X.

1681 huldigte auch Straßburg der Krone Frankreichs. Der König von Frankreich nahm in der Hauptsache dieselbe Stellung ein, die zuvor der Kaiser im Elsaß gehabt hatte. Eine große Zahl Kleinstaaten blieb bestehen, jedoch hatte der vom Könige gegründete Rath von Ensisheim für die Pflege des Rechts im Elsaß und außerdem für die feste Vereinigung sämmtlicher Städte, Herrschaften und Gebiete des Landes mit Frankreich zu sorgen. Die Eroberungen, welche die Franzosen seitdem machten, waren vorherrschend verwaltender Natur. Hierbei wurden sie von einheimischen Elsässern, wie Josias Glaser, bestens unterstützt, weil die vielen Sonderinteressen und Vorrechte, welche überall in Deutschland und besonders unter den vielgliedrigen Herrschaften des Elsasses bestanden, gleich gemacht und zusammengezogen wurden. Mehr als 100 Jahre hindurch änderte die französische Oberherrschaft im Elsaß an den volksthümlichen und rechtlichen Verhältnissen nichts.

Lothringen zeigt allerdings in seinen Hauptbestandtheilen wenn nicht volle Einheit doch mindestens eine nahe Verwandtschaft der ursprünglichen, eigentlichen Abstammung; aber nicht bloße Mundarten, die Sprachen selbst gingen hier auseinander; es galten bei der Gebietszerstückelung des Landes mehrere Rechte, und wie die Gewohnheiten dieser mochten auch andere eine mannigfaltige Eigenthümlichkeit tragen. Es hat dieses Land mit Elsaß die nämliche Entwickelung. Kein natürlicher Stamm, dennoch sein Sondergefühl ausbildend, wurde es ein Herzogthum, welches zu verschiedenen Zeiten von sehr verschiedenem Umfang war. Die selbstständige Geschichte des Landes beginnt mit Lothar II., der 855 in der Theilung mit seinen Brüdern das Land vom Rhein bis jenseits der Maas erhielt. Im Vertrag von Mersen 8. VIII. 870 wurde der westliche Theil und Friesland davon abgetreten. 953 bekam das Land Erzbischof Bruno von Köln; der zwei Herzogthümer bildete: Ober- und Nieder-Lothringen. Ersteres, jetzt Deutschlothringen, ward in Folge eines Tauschhandels zwischen den Häusern Bourbon und Habsburg (1733) an Frankreich abgetreten, sogleich in französische Verwaltung genommen und am 22. II. 1766 dem französischen Reiche völlig einverleibt, nachdem schon 1552 die Franzosen Metz durch List genommen hatten.

Lothringen hat gegen Elsaß das voraus, daß es in den Bauernkriegen und in dem großen Religionskriege weniger schwer betroffen wurde und daß dadurch die alten Rechte mehr bewahrt worden sind. Allerdings stammen aus der Lehnszeit viele Nutzungsrechte, aber hauptsächlich leiten sich die Besitzverhältnisse aus der alten Markverfassung ab. Wir finden noch viele zerstreut liegende Einzelhöfe vor, die ganz das Gepräge der alten Zeit tragen. Die meisten Einzelhöfe gibt es in den Kreisen Metz, Chateau-Salins und Bolchen. Nur in sehr seltenen Fällen liegen in den einzelnen Feldmarken die zu den Einzelhöfen gehörenden Grundstücke in mehreren Theilen auseinander, gewöhnlich sind sie gut abgerundet und bestehen aus Acker-, Wiesen- und Waldland. Berechtigungen anderswo sind mit diesen Einzelhöfen nicht verbunden und vielleicht in der Lehnszeit entzogen. Auch die Dorfschaften besitzen noch die Feldmark mit Gemeindewald und Gemeindefeld. Die Verhältnisse in den nördlich der Vogesen zunächst gelegenen Landestheilen, insbesondere in den Kreisen Saarburg und Saargemünd, entsprechen denen im Elsaß völlig: Geschlossene Dörfer, unbedeutende Bauerngüter in vielen kleinen Theilen über die ganze Feldmark zerstreut, ausgestattet theils nur mit Gemeindewald, theils nur mit Nutzungsrechten durch Herkommen und Gebrauch oder durch Verleihung, theils mit Gemeindewald und zugleich mit Nutzungsrechten der einen oder andern Art, theils weder mit Gemeindewald noch mit irgend einer Art von Nutzungsrechten.

Die fränkische Gewaltherrschaft, das Lehnswesen und die Leibeigenschaft, die vielen Selbstherrscher (die Zerstückelung in Elsaß war bei der französischen Besitzergreifung auf einem solchen Höhepunkt angelangt, daß z. B. 1662 eine Huldigungs-Erklärung für den deutschen Kaiser von 10 freien Städten und 80 freien Herren unterzeichnet wurde), die verheerenden Fehden, Bauernaufstände und Kriege, die massenhafte Einwanderung fremder Völker ꝛc. führten in den verschiedenen Landestheilen eine ganz abweichende Entwickelung der forstlichen Besitzverhältnisse herbei. Natürliche Folge war die Entstehung mannigfacher Nutzungsrechte; bot doch der Wald den kleinen Herrschern eine gute Gelegenheit, ihre Allmacht leuchten zu lassen. Trotz alledem kommen noch die Erinnerungen an das vormalige Markeneigenthum in manchen Zügen der gegenwärtigen servitutischen Berechtigung zum Vorschein. Beispiele beweisen mehr, als ausführliche Erörterungen, und wir lassen daher einen rechtskräftig gewordenen Schiedsspruch des Gerichtshofs Weißenburg in Sachen der Gemeinde Lützelstein wider die französische Republik vom 9. V. 1794 hier folgen:

„Hierauf haben wir die obgemeldeten vier Schiedsrichter nach Ersehung ꝛc. des Arrêté des ehemaligen Staatsraths vom 26. III. 1769, worin die damalige Feudalherrschaft der ehemaligen Grafschaft Lützelstein, Herzog Christian IV. zu Zweibrücken, die den Einwohnern zuständigen Bau- und Brennholz- und Waldgangs-Gerechtigkeiten in den Lützelsteiner Waldungen selbst eingestanden und zu deren Loskauf denselben das Eigenthum des Dritttheils der sämmtlichen Waldungen angeboten hat; zu deren Vollziehung die von dem delegirten Commissario 1772 angefangenen, 1775 fortgesetzten, wegen einstimmiger Weigerung sämmtlicher Lützelsteiner Gemeinden aber nicht fortgeführten Procedur; der seit 1789 wegen verweigerten Bauholzes bei dem Conseil zu Colmar anhängigen Procedur ꝛc.; des Weißenburger Tribunalspruches vom 9. I. 1792, wodurch der nämlichen Feudalherrschaft verboten worden, bis zu Ende des Processes keine Kuppen mehr in dem Lützelsteiner Wald zu machen, es sei denn mit Zuziehung des Lützelsteiner Gemeinderaths, damit solche ihren Wald und Beholzungsrechten nicht nachtheilig sein mögen; der Beschreibung der im Lützelsteiner Banne liegenden Waldungen ꝛc.; endlich auch der Decrete des Nationalconvents vom 28. VIII. 1792, 10. VI. u. 10. X. 1793;

in Erwägung ziehend:

1. daß die pünktliche Erfüllung derjenigen Verträge, worin sich die Redlichkeit des mindermächtigeren Theils, und die von ihm geschehenen Aufopferungen augenscheinlich darstellen, eine Pflicht ist, welche ganz dem Sinne der Nationalconvention entspricht;

2. daß diese Kennzeichen demjenigen Vertrage nament-

lich anhängen, welche die Lützelsteiner Gemeinde mit ihrer Feudalherrschaft Pfalzgrafen Georg Hanß I. vor dessen Tode 1592 getroffen ꝛc.;

3. daß dieser Vertrag darin bestanden, daß die Gemeinde Lützelstein ihre sämmtlichen Bürger-Wälder, welche den mehrsten Theil der Lützelsteiner Waldungen ausmachen, der Feudalherrschaft Pfalzgraf Georg Hanß I. unter dem Vorbehalt ihrer unentgeldlichen nothdürftigen Bau- und Brennholzung und Befreiung des in anderen Dörfern üblichen Stockgeldes cedirt;

4. daß der Sohn Pfalzgraf Georg Hanß XI. auf die von der Gemeinde demselben davon gethanen nachdrücklichen schriftlichen Vorstellung vom 27. X. 1616 gezwungen gewesen, die Wahrheit dieser Thatsache, welche damals noch Jedermann in frischem Andenken gewesen, anzuerkennen, forthin durch das von seiner Canzlei auf diese Vorstellung den 12. XII. 1616 ertheiltes Decret zu verordnen: daß die Gemeinde bei dem alten Herkommen gelassen und ihr nach als vor Bau- und Brennholz nach Nothdurft umsonst gegeben werden solle;

5. daß die in diesem Decret befindlichen Ausdrücke „Supplicanten“ und „aus Gnaden bewilligt“ keineswegs als Beweise eines precarii angesehen werden können, weil es damals der Gebrauch war alle schriftlichen Vorstellungen der Bürger an ihre Feudalherrschaften Supplicationen oder Bittschriften zu nennen, sowie es auch bei letztern der Gebrauch gewesen, immerdar das Wort gnädig und aus Gnaden im Munde zu führen und die allergerechtesten Entschließungen immerdar gnädigste Entschließungen zu nennen; daß so stark die natürliche Gerechtigkeit mißkannt war, daß die Menschen von den Feudalherrschaften als Götter der Welt nicht mehr anders, als bloß aus Gnaden angeblickt, und aus Gnaden ihnen bis zum ersten Gutbefinden Güter, Ehre und Leben gelassen wurde;

6. daß die Wahrheit der Thatsache, welche die Gemeinde vorgestellt, nämlich: daß der mehrste Theil der Lützelsteiner Waldungen ihre eigenen Bürgerwälder gewesen und daß ihnen nach Vertheilung der Pfälzischen Churlande, welche 1566 durch den Heidelberger Vertrag geschehen, bei der vom Pfalzgrafen Georg Hanß einge-

nommenen Huldigung die fraglichen unentgeldlichen Beholzungsrechte gegen die Abtretung ihrer beträchtlichen eigenen Waldungen ausdrücklich versprochen worden, von einer solchen unleugbaren, noch in Jedermann Andenken ruhenden Gewißheit gewesen, welche nicht gestatten können, daß Pfalzgraf Georg Hanß der Sohn der ungerechten Aufforderung länger Gehör gegeben, wozu er von seinen Officianten verleitet worden;

7. daß die 1656 erneuerte und 1715 bestätigte alte Waldordnung der ehemaligen Grafschaft Lützelstein keinen Zweifel lasse, daß die klagende Gemeinde in den in ihrem Banne liegenden Waldungen, sowie eine jeder der übrigen Gemeinden in den in ihrem Banne liegenden Waldungen das Recht habe, gegen Zahlung des gewöhnlichen jährlichen Holzgeldes, welches durchgehends von einem Bürger, der eine Fuhr hat 1 Schilling oder 4 Sols und von einem der keine Fuhr hat 1/2 Bazen oder 1 1/2 Sols beträgt, zur Räumung der Wälder und zum Besten des Weidgangs: die Afterschläge, das Wind und Schnee brüchige Holz, das abgestandene und dürre Holz zu hauen, aufzumachen, zu holen und zu seinem Hausbrauch und Feuer aus dem Walde heimzuführen oder heimführen zu lassen;

8. daß alle gegen diese auf unverwerfliche Titel und Besitzstand sich gründenden Rechte der Lützelsteiner Gemeinde von den nachherigen Feudalherrschaften und ihren Officianten gemachte Versuche oder wirklich gethane Eingriffe, sie mögen sein von welchem Dato sie wollen, oder den oder jenen Gegenstand besonders angehen, niemals der klagenden Gemeinde schädlich sein können, weil alle ihre entgegen angeführten Handlungen mit dem Mangel der Redlichkeit behaftet gewesen, welche niemals zugeben kann, daß einer gegen seinen eigenen Brief und Siegel handeln oder Verjährung suchen dürfe;

9. daß noch insbesondere alle dergleichen von den ehemaligen Feudal-Herrschaften geschehenen Beeinträchtigungen in die Rechte der Gemeinden durch Artikel 8 des National-Decrets vom 28. VIII. 1792 ohne die mindeste Ausnahme präscribirt und zernichtet worden, daß also

10. kein Hinderniß existiren kann, welches das Schieds-

gericht abhalten könnte, nach dem Artikel 1 des Gesetzes vom 2. X. 1793 die gegenwärtige Streitigkeit nach den Grundsätzen zu entscheiden, welche in den beiden Gesetzen vom 28. VIII. 1792 und 10. VI. 1793 von dem Gesetzgeber zur Verdrängung alles Einflusses der ehemaligen Feudal-Gewalt gelegt worden. Endlich auch

11. daß die Erstattung der von der klagenden Gemeinde reclamirten, seit 40 Jahren bezahlten Holzgelder nur von demjenigen Tage an zu rechtfertigen ist, an welchem dieselbe wirklich den Streit zur Vertheidigung ihrer Rechte bestanden hat, nämlich seit dem 9. I. 1792 2c."

„Hiermit zu Rechten erkannt:"

„Daß das Canzlei-Decret vom 12. XII. 1616 seinem Inhalt nach vollzogen werden sollte, einfolglich daß die klagende Gemeinde Lützelstein aus den in ihrem Banne belegenen, von dem Herzog von Zweibrücken zum Profit der Republik confiscirten Waldungen das benöthigte Bau- und Brennholz unentgeldlich zu beziehen berechtigt ist, mit alleiniger Wiedererstattung des von dem National-Förster ausgelegten Holzmacherlohns; forthin auf die Wiedererstattungsklage alles desjenigen so seit 40 Jahren von den Bürgern für Bau- und Brennholz bezahlt worden, einigermaßen Acht habend, und darauf Recht sprechend"

„erkannt:"

„Daß diejenigen Bürger, welche dergleichen Holzgelder Dato noch schuldig sind, vermöge gegenwärtigen Spruchs befreit sein und bleiben sollen, diejenigen aber, die das von ihnen geforderte Holzgeld bezahlt haben, nur berechtigt sein sollen dasjenige von wem es gebührt zurückzufordern, worüber sie demselben gültige Quittungen aus den Jahren 1792, 1793 und 1794 vorweisen können."

„Endlich auch auf die weiteren Nutzungsrechte sprechend, welche der klagenden Gemeinde in der alten Forstordnung zugesichert sind, die 1656 erneuert und 1715 bestätigt worden,"

„erkannt:"

„Daß auch diese Waldordnung insoweit sie klagende Gemeinde Lützelstein angeht, ihrem Inhalte nach vollzogen werden solle 2c."

„Unnachtheilig anderer Nutzungsrechte, worin die

klagende Gemeinde von ihrer ehemaligen Feudalherrschaft ungestört gelassen worden, und in deren Besitz sie sich befindet."

Wenn auch dieser Schiedsgerichtsspruch den Geist der damaligen Zeit nicht verleugnen kann, so wird doch durch die Begründung der tiefe Eingriff der Feudalherrschaft in die alten Freiheits- und Eigenthumsrechte unserer Vorfahren ausführlich klargestellt. Dabei ist, wenn wir einen Maßstab anlegen wollen, das Verfahren des Pfalzgräflichen Hauses als milde und als minder habsüchtig zu bezeichnen, und vieler Orts mag man sich daher die Feudalherrschaft mit grelleren Farben ausmalen.

In dem obigen Schiedsgerichtsspruch leuchtet schon die große Staatsumwälzung von 1789. Die sehr verfallene Gerechtigkeitspflege erhielt durch den uneingeschränkten Gerichtshof das nöthige Ansehen wieder, da keine Stellung in der Gesellschaft sich ihm entziehen konnte, und der Geringe sein Recht gegen jeden Vornehmeren vor demselben suchen durfte. Kein Prozeß durfte länger als 3 Jahre unentschieden bleiben.

Jene Revolution riß die Schranken nieder, welche die Provinzen von einander trennten, hob alle Sonderrechte von Landschaften, Städten, Ständen und Körperschaften auf, befreite den Bauer von allen seinen schweren Lasten, Frohnden und Zehnten und verschaffte den modernen Rechtsgrundsätzen die Herrschaft.

Wie in ganz Frankreich, so hat auch in Elsaß-Lothringen die Revolution von 1789 die ganze ältere Landesgeschichte wie mit einem Schwamme weggewischt.

Mit den wichtigen Beschlüssen der gesetzgebenden Volksversammlung vom 4. VIII. 1789 wurden die lehnsherrlichen Rechte aufgehoben. Die Verordnung vom 2. XI. 1789 stellte die katholischen Kirchengüter zur Verfügung des Volkes.

Die Aufhebung der Vorrechte des Adels, die Einziehung der Kirchengüter 2c. erregten in Elsaß-Lothringen eine gewaltige Gährung.

Es wird sich auf die Heiligkeit der zwischen dem Elsaß und Frankreich abgeschlossenen Verträge und das Eigenthumsrecht berufen, und darauf Anspruch gemacht, daß die Geistlichkeit im Elsaß mit der des inneren Frankreichs in keiner Gemeinschaft stehe. Doch vergebens!

In Folge der beständigen Auswanderungen, verordnete die französische gesetzgebende Volksversammlung, daß die Güter der Vaterlandsflüchtigen dem Volke zufallen sollten, und ließ demgemäß dieselben in Beschlag nehmen und gleich den Kirchengütern als Volkseigenthum verwalten oder an den Meistbietenden verkaufen.

Der Ankauf von Volksgütern ward für viele Bürger und Landleute eine Quelle des Wohlstandes und vervielfältigte den Besitz des Grundeigenthums, machte aber auch vielen unentbehrlichen Wäldern das Garaus.

Mag man nun über das Lehnswesen den bittersten Groll hegen, jedenfalls muß anerkannt werden, daß dasselbe für die Erhaltung der Wälder außerordentlich segensreich gewirkt hat. Ob Jagd-, Gewinn- oder Herrschsucht die Triebfeder war, bleibt sich gleich; unter allen Umständen wird Jeder bei dem Anblick der noch vorhandenen schönen Waldungen* den gewaltigen Machthabern der Vorzeit Dank spenden, um so mehr, da wir in der aufgeklärten Gegenwart die Waldschlachterei mit und ohne Wunderlehrer täglich vor Augen sehen müssen.

Werfen wir einen Rückblick, so treten folgende wesentliche Punkte hervor:

Die öffentlichen Waldungen mit den geheiligten Hainen fielen als ledige und herrenlose Güter in die Hand der fränkischen Machthaber. Diese belehnten damit die freien Herren, Bischöfe, Aebte rc., deren Streben darauf gerichtet war, ihre Gebietstheile unter Einräumungen und Verleihungen zu bevölkern. In Folge dessen wurden die Wälder geschmälert und belastet. Als mit der Re-

---

* Von der gesammten Waldgrundfläche der Reichslande Elsaß-Lothringen zu 460.544 Hektar Größe betragen

die reinen Staatswaldungen	= 133.800	Hektar,
„ ungetheilten Waldungen	= 17,996	„
„ Gemeindewaldungen	= 197.315	„
„ Anstaltswaldungen	= 2216	„
„ Privatwaldungen	= 109.206	„

Von der Gesammtoberfläche zu 1,451,174 Hektar Größe sind also 31,74 % Waldungen.

volution von 1789 die Güter der Kirchen und Landesflüchtigen dem Volke zufielen, erhielten zwar auch eine große Anzahl Kirchen- und Herren-Wälder ihre ursprüngliche Eigenheit wieder, allein die jetzigen öffentlichen oder Staats-Waldungen sind gegen vormals doch nur als mehr oder weniger beschränkte Ueberbleibsel zu betrachten.

Die Markwaldungen traten unter die Herrschaft der Vasallen. Herkommen und Gebrauch konnte jedoch nicht ganz mißachtet werden, und in beschränkter Weise blieb den Markbewohnern die Befriedigung ihrer Bedürfnisse. Einzelnen Markgemeinden, namentlich den freien Städten, welche wegen Beeinträchtigung ihrer Rechte bei dem Lehnsherrn Schutz, beziehungsweise bei dem Vasallen Gnade fanden, ward unter Wahrung der Hoheits- und Jagdrechte ꝛc. in mehr oder weniger umfangreicher Weise die Waldnutzung in besonderen Waldtheilen zugestanden. Andere verloren ihre Waldrechte durch Nichtgebrauch ꝛc. Im Allgemeinen urtheilten die erbherrlichen Richter oder der Herr kraft seiner Machtvollkommenheit selbst, nach bloßer Laune, und wenn nicht nachdrücklich die Rechte behauptet wurden oder werden konnten, so unterlagen sie den Acten der Willkür. Erst als das Gesetz vom 28. VIII. 1792 in Artikel 8 bestimmte, daß die Gemeinden in alle ihre Rechte wieder eingesetzt werden sollten, um welche sie durch ihre ehemaligen Feudalherrschaften gebracht worden, und zwar unangesehen alles gegentheiligen Besitzstandes, gleichviel worauf er sich begründe, mit alleiniger Ausnahme einer redlichen Kaufurkunde, — erhielten die benachtheiligten Gemeinden mit Hülfe der Gesetze vom 10. VI. und 2. X. 1793 den Genuß dieser Wohlthat, indem ein großer Theil der ehemaligen Markwaldungen in deren Eigenthum mit der Bezeichnung „Gemeindewaldung" überging. Die Gemeindewaldungen liegen meistens gesondert in der Hand einer Gemeinde. Wo noch mehrere Gemeinden einen Gemeindewald besitzen, hat jede nach Verhältniß ihrer Rechte das Miteigenthum.

Hier und dort standen die öffentlichen und Markwaldungen in unbegrenztem Zusammenhange. Entwaldete Gegenden, sowie Handwerker, Fabriken oder große Städte, welche von Auswärts mit Walderzeugnissen zu versorgen gewesen wären, gab es noch nicht, und wenn es sie gegeben hätte, so fehlten genügende Transport-Anstalten, deren Anlage weder möglich, noch vortheilhaft gewesen wäre. Die Feudalherrschaften begnügten sich daher mit der Jagd-Ausbeute und überließen unbeschadet dieser den Marktbewohnern die weitere Nutznießung sowohl der Mark- als auch der öffentlichen Waldungen. Als später die Walderzeugnisse zu Werthe kamen, führte die unbeschränkte Nutznießung zu Streitigkeiten, welche auf die Weise ausgeglichen wurden, daß die gegenseitigen Ansprüche in bestimmten Antheilen an dem gesammten Walde Sicherstellung fanden, womit sich die ungetheilten Waldungen bildeten, an welchen die Genossen nach Verhältniß ihrer Antheile Eigenthumsrechte, beziehungsweise Nutzen und Lasten bekamen.

Aus der Germanenzeit blieben namentlich in Lothringen Einzelhöfe mit Aecker, Wiesen und Wald erhalten. Viele Rittersitze aus der Faustrechtszeit traten hinzu. Der in Folge der Revolution von 1789 statthabende Verkauf der Kirchengüter ꝛc. vermehrte endlich den Besitz des Grundeigenthums der Art, daß im Anfange dieses Jahrhunderts ein großes Waldareal in den Händen der Privaten lag. Diese Privatwaldungen sind der Schacherei anheimgefallen und durch Ausrodung sehr vermindert.

Außerdem haben sich durch Schenkung, Kauf ꝛc. Waldungen der öffentlichen Anstalten gebildet.

Die öffentlichen oder Staats-Waldungen sind mehr oder weniger belastet. Wir wollen zunächst diejenigen darauf lastenden Nutzungsrechte in's Auge greifen, welche durch Herkommen und Gebrauch ersessen sind. In der Feudalzeit führte die Jagdleidenschaft zu dem Verlangen des alleinigen, ausschließlichen Waldbesitzes. Der Wildbann bot dazu ein gutes Mittel.* Es ist daher erklärlich, daß in zusammenhängender Lage Markwaldungen mit öffentlichen Waldungen

* Zu Anfang der Frankenzeit gab es viele Königshöfe mit ausgedehnten öffentlichen und heiligen Waldungen und von einem Forste oder Wildbann war da noch keine Rede; erst Karl d. Gr. begann damit die Geistlichkeit, Großen und Beamten zu belehnen.

verschmolzen und, unbeschadet der privatrechtlichen Ansprüche der Markgenossen, in Besitz der Machthaber und später des Staats gezogen wurden. Dieses gibt sich auch in dem obigen Schiedsspruch des Weißenburger-Gerichtshofes vom 9. V. 1794 bezüglich der Lützelsteiner Waldungen kund.*

Wenn nun auch bei diesen unbegrenzten öffentlichen und Mark-Waldungen der langjährige Besitz für das Staats-Eigenthum spricht, so muß man doch nach der rechtlichen Natur die Markwaldungen den Markgenossen oder den Berechtigten und die öffentlichen Waldungen dem Staate zuerkennen, also ein gemeinschaftliches Eigenthum annehmen. Die Besitznahme abseiten der fränkischen Könige war ein Act der Gewalt, eine Ueberwältigung der Schwachen von Seiten des Starken. Deßhalb verschmähten schon einzelne Feudalherrschaften die Beharrlichkeit, welche für das Mein und Dein aus diesem Acte gezogen werden konnten. So z. B. erbot sich laut Beschluß des Staatsraths vom 26. III. 1769 die damalige Feudalherrschaft der Grafschaft Lützelstein den Einwohnern von Lützelstein für die denselben in den Lützelsteiner Waldungen zustehenden Nutzungsrechte das Eigenthum des dritten Theils der Fläche abzutreten.

Nachdem aber die Leibeigenschaft aufgehoben, namentlich alle von den Feudalherrschaften geschehenen Beeinträchtigungen der Gemeinderechte durch Art. 8 des Gesetzes vom 28. VIII. 1792 für ungiltig erklärt worden waren, kam die rechtliche Natur der Markwaldungen allgemein wieder zur Geltung, und wo diese mit den öffentlichen Waldungen verschmolzen waren, bildeten sich, soweit keine Abfindungen stattfanden, ungetheilte Waldungen entweder mit festgesetzten Eigenthums- und Nutzungs-Antheilen, oder mit unbestreitbaren Theilnahme-Befugnissen.

Da, wo diese Befugnisse sich auf das Markeneigen-

* Wie sehr dabei in alter Zeit die privatrechtlichen Ansprüche geachtet wurden, beweist Folgendes: Kaiser Heinrich II. schenkte 1004 dem Bischofe von Basel einen Wald und machte ihn zu einem Bannforst; allein als das Volk vernommen und dieses nur auf die Jagd, nicht auf die Waldrechte verzichtete, gab der Kaiser außer dem Grundeigenthum nur den Schutz des Königsbannes.

thum, bezw. auf altes Herkommen und Gebrauch stützen, und der Staat nicht ausdrückliche Anerkennung seines Eigenthumsrechts von den Berechtigten aufzuweisen hat, können letzteren nach dem Obigen Eigenthumsrechte an den Waldungen nach Verhältniß ihrer Nutznießung nicht abgesprochen werden.*

Der Staat ist aber nicht im Stande, den Berechtigten zurück zu geben, was von ihren Waldungen durch Plünderung der Vorzeit in Privateigenthum übergegangen ist, noch können die älteren Verleihungen geschmälert werden, welche die Feudalherrschaft als unzweifelhafte Eigenthümerin der öffentlichen Waldungen zu ertheilen befugt war.

Eigenthümlich war bei dieser Art von Nutzungsrechten das aus der Markverfassung stammende Auftreten der-

* In ganz Frankreich war vormals, und bis zu den Zeiten der Revolution, eine sehr große Anzahl Grundstücke in getheiltem Eigenthume, dergestalt, daß dem Einen das Obereigenthum, dem Anderen das nutzbare Eigenthum der Sache zustand. So ist es oder so war es ehemals in allen den europäischen Ländern, welche von Völkern deutschen Ursprungs bewohnt werden. Frankreich war noch überdies das Geburtsland der Feudalverfassung. Mannigfaltig waren die Namen, unter welchen die Güter dieser Art vorkamen; noch mannigfaltiger die Rechte, nach welchen sie beurtheilt wurden. Ueberdies war es oft schwer, diese Grundstücke von denen der entgegengesetzten Art zu unterscheiden, da auf diesen, wie auf jenen, häufig unablösliche Abgaben hafteten. — So wie die Beschränkungen des Grundeigenthums und die Privatlasten, die auf dem Grunde und Boden hafteten, eine Hauptveranlassung zur Revolution waren, so war es auch ein Hauptzweck, den man bei der Umgestaltung Frankreichs verfolgte, den Grund und Boden von diesen Fesseln und Lasten zu befreien. Zur Ausführung dieses Planes wurden gleich in den ersten Jahren der Revolution mehrere Gesetze veröffentlicht, von welchen die folgenden die vornehmsten sind: Gesetz v. 11. VIII. 1789, v. 3. XI. 1789, v. 15. u. 28. III. 1790, v. 18. u. 29. XII. 1790, v. 25.—28. VIII. 1792, v. 17. VII. 1793. Durch diese Gesetze wurde die Lehnsverfassung in einem sehr umfassenden, geschichtlich kaum zu rechtfertigenden Sinne aufgehoben, d. h. es wurden alle Güter, die bisher bloß als nutzbares Eigenthum besessen worden waren, in volles Eigenthum verwandelt, alle Grundstücke von Frohnen und Diensten sowie von den Grundlasten befreit, die mit dem Lehnswesen in Verbindung zu stehen schienen, die übrigen Grundlasten aber für ablösbar erklärt. Zachariä I. 490. Merlin Toullier III. 101. Durant IV. 75. Lassaulx III. 48.

selben in der Gestalt eines Zubehörs von Grundstücken. Die urdeutsche Hinneigung, wichtige Rechte, insbesondere die Berechtigungen an Waldungen mit dem Grundbesitze zu verbinden, mochte schon in der Römerzeit untergraben worden sein, jedenfalls kam sie in der Frankenzeit vollends außer Acht. In den Stadt- und Landgemeinden findet sich von berechtigten Stellen zu Holzbezügen rc. keine Spur mehr, während auf den aus alter Zeit stammenden Einzelhöfen hier und dort noch solche Grundrechte ruhen.

Die zunehmende Bevölkerung hätte wohl Veranlassung geben könntn, die Berechtigung von den einzelnen vergänglichen Personen abzulösen, und wieder an den Grundbesitz zu knüpfen, wie auch nach den Acten wenigstens bei der Abgabe des Bauholzes vorgeschwebt hat; allein die persönliche Seite der Berechtigung behauptete sich mit Zähigkeit.

Der Gebrauch dehnte die Nutznießung auf alle Einwohner ohne Unterschied aus; es genügte der Nachweis über die selbstständige Haushaltung.

Auf dem Wege des Gebrauchs durften die Berechtigten verlangen, was das Bedürfniß erheischte. Mehr Brennholz wie die Haushaltung erforderte, wurde nicht gewährt; die Erträgnisse der eigenen Waldungen mußten zunächst zur Deckung des Bedarfs dienen; nur für die persönlichen Bedürfnisse der Bewohner, nicht aber für Gegenstände öffentlichen Nutzens konnte das Nutzungsrecht beansprucht werden; für Luxusbauten und zum Handel gab es keine Holzberechtigung; fremdes Vieh durfte auf die Weide nicht getrieben werden rc.

Sämmtliche Nutzungsbezüge waren durch Herkommen frei, nur für die Anweisung mußten die Berechtigten Gebühren (Trinkgeld für die Forstbeamten) zahlen rc., welche Mitte des 18. Jahrhunderts, allgemein in Frankreich 1795, nachdem die Forstbeamten festen Gehalt und keine Nebeneinkünfte mehr erhielten, der Staatskasse zuflossen und irriger Weise als Gegenleistung angesehen sind.

Ebensowenig kann man die Dienstpflicht zur Herstellung der Abfuhrwege eine Gegenleistung für die Walddienstbarkeit nennen, weil sie den Berechtigten zunächst zu Gute kommt. Die Wege wurden hergestellt, sobald sich der Bedarf zeigte. Da dieses Bedürfniß der Herstellung nun von den Umständen abhängt, so konnte auch nur von einer ungemessenen Dienstpflicht in dieser Beziehung die Rede sein. Sonstige Wald- und Culturdienste bestanden nicht. Frohnden hat man wohl, wenn die Gelegenheit zu anderer Benutzung fehlte, zu Waldarbeiten zugezogen; allein die Staatsumwälzung von 1789 befreite den Bauer überhaupt von den gewaltsam aufgebürdeten vorzeitlichen Frohnden. Die Culturpflicht des Staats entspringt schon aus dem Zweck und Wesen der staatlichen Einrichtung; man darf aber auch darin eine Vergeltung für manche Härten der Vorzeit erkennen, sowie das staatliche Interesse dazu geführt haben mag, weil die Culturkosten auf Bildung von Ertrags- 2c. Ueberschüssen für den Staat hinzielen.

Das Waldgerechtigkeitsgebiet liegt in der Regel innerhalb der Marken der Ortschaftsverbände.

Ganz anders steht es mit den Nutzungsrechten, welche auf Verleihung beruhen.

Die Verleihungen enthalten Begünstigungen Dritter, um diesen dafür, daß sie dem Gebietsherrn Land-, Jagd- und Kriegsdienste, sowie Zehnten, Forstzins 2c. leisten, Vortheile zu gewähren.

Es läßt sich wohl die Voraussetzung rechtfertigen, daß zur fränkischen Zeit noch ausgedehnte Waldgebirge und Wildnisse unbewohnbar waren und als öffentliche oder herrenlose Güter den fränkischen unumschränkten Alleinherrschern ausschließlich zufielen. Diese konnten damit dem damaligen Geiste der Zeit und der Gewohnheit gemäß schalten und walten, bezw. ihre Getreuen und Vasallen beschenken. Als nach und nach das Band zwischen Herren und Vasallen sich gelöst hatte und jeder der Vasallen unbeschränkter Herr und Gebieter war, stand auch diesen nach lehnrechtlichen Grundsätzen das Verfügungsrecht über ihre Lehnswaldungen zu. Es bildet also hier das landesherrliche Eigenthum das älteste Verhältniß, während nach dem regelmäßigen Gange der geschichtlichen Entwickelung das Eigenthum der Markwaldungen auf Seiten der Markgenossenschaften zu finden ist.

Den Gebietsherren kam es darauf an, die unbewohnten Waldgegenden zu bevölkern, um ihr Ansehen und ihre Macht zu erhöhen. Die Verleihungen hatten den Zweck, die Bevölkerung durch Wohlthaten heranzuziehen. Die Gebietsherren wandten sich daher an die Menschen als solche, an ihre persönlichen Wünsche, Bedürfnisse und Interessen, um sie zu Ansiedelungen in den Waldungen zu bestimmen. Die Waldrechte wurden denn auch ohne alle Rücksicht auf einen Grundbesitz den Personen als solchen verliehen, wie z. B. die Grafen von Leiningen-Dagsburg bezüglich der Dagsburger Waldungen am 16. VI. 1616 beurkunden: „Die zu Obersteigen wohnenden Leute haben das Recht ꝛc.“ Allerdings kommen einzelne Fälle vor, z. B. bei abgesonderten Höfen oder Werken, wo die Berechtigungen an Waldungen mit dem Grundbesitz verbunden sind, wie z. B. die Herzöge von Pfalz-Zweibrücken als Herren von Wingen 1724 dem Johann Krebs in Wingen zu einem Erblehen das Recht verliehen, für den Betrieb der von ihm erbauten Glashütte das nöthige Brennholz, sowie das für Reparaturen erforderliche Bauholz aus den Wingener Waldungen zu beziehen.* Gewöhnlich gründen sich die Waldrechte für Werke, als Glashütten, Salzsiedereien, Eisengießereien ꝛc. auf Gnadenverleihungen zum gemeinen Besten oder behufs Hebung der Betriebsamkeit, und es ist darin nicht ein herrschendes Grundstück, sondern die Rechtsperson eingesetzt.

Die Vortheile der Waldrechte sollten allen Einwohnern zu Gute kommen, so daß die Ansässigkeit in dem Bezirke genügte, um sie genießen zu können; sie sollten gleichfalls Jedermann gewährt werden, welcher sich in dem Bezirke niederläßt. Die Waldrechte hatten daher eine gebietliche Grundlage, und waren für alle Einwohner ohne Unterschied des Standes bestimmt. In der Holzordnung der

---

* In einem Urtheil des Appellgerichts zu Colmar v. 7. V. 1877 wird hervorgehoben: erstens, daß der Betrieb der Glashütte als ein Mittel zur Förderung der Urbarmachung und Bewirthschaftung eines ländlichen Gutes angesehen und die zu Gunsten des Betriebes der Glashütte gewährten Rechte dem Johann Krebs nur mit Rücksicht auf den Besitz jenes Gutes, also als eine zu Gunsten desselben constituirte Realservitut im Sinne des damals längst recipirten und bekannten römischen Rechtes verliehen wurden, und sodann zweitens, daß diese Servitut nicht zu Gunsten des ganzen Erblehns, sondern speciell zu Gunsten der Glashütte und der dazu gehörigen Ländereien constituirt worden ist.

Lützelsteiner-Grafschaftswaldungen vom 17. II. 1658 heißt es z. B.: „Alle und jede unserer Unterthanen, geist- und weltliche Bediente in dieser Grafschaft ꝛc.“

Hier und dort ist die gebietliche Grundlage verlassen und die Waldberechtigung an Auswärtige verliehen, bezw. mit dem Gemeindeverbande in einen näheren Zusammenhang gebracht. In einer Urkunde bezüglich der Waldberechtigung der Gemeinde Imbsheim vom Jahre 1559 heißt es z. B.: „Item die gemeinde zu Imsheim hat recht, das bauholz auf dem Wald, den man nennt Breitschloß, zu hauen, wie viel einer zu seinem gebaue bedarf, der zu Imsheim in dem dorffitter sitzet ꝛc.“

Die Natur der verliehenen Rechte anlangend, so läßt sich meistens erkennen, daß die Gebietsherrn, um Ansiedler zu gewinnen und zu fesseln, nicht nur Grund und Boden zur Cultur, sondern auch Eigenthumsrechte an den Waldungen zu unmittelbaren Nutzungen unter gewissen Vorbehalten preisgegeben haben. Die Bewohner durften in diesem Verhältnisse die Waldnutzungen nach Bedürfniß und nach Anweisung der Förster selbstständig ausüben, d. h. es stand denselben die Befugniß zu, sich mit Genehmigung der Förster die passende Stelle auszuwählen, wo das Holz zu gewinnen stand, und dieses sodann selbst zu schlagen und aufzuarbeiten. Diese Ausübung des Rechts zum sog. Selbsthiebe bringt eine theilweise Herrschaft über die Waldungen, ein dingliches Recht an den Grund und Boden zum äußeren Ausdruck. So beurkundete z. B. Hans Reinhardt Graf zu Hanau-Lichtenberg unterm 22. II. 1625 bezüglich der Holzberechtigung der Gemeinde Imbsheim: „sie, die Gemeinde, soll ihr Brennholz die Nothdurft holen und haben, aber nichts als Daub- und Dürrholz abhauen und abführen, desgleichen soll sie ebenmäßig Macht haben, das Bauholz, was sie nöthig und bedürftig, zu holen, doch mit dem Vorbehalt, daß sie solches zuvor an's Stift oder ihrem Förster gesinnen und begehren, damit ihr dasselbige durch den Stiftsförster gezeichnet und gewiesen werde. Es soll aber auch Stift oder Förster auf der von Imbsheimer Ansuchen und Begehren ohnverweigerlich, Bauholz die Nothdurft widerfahren lassen, dann sollte erweislich sein, daß Jemand solches bescheidentlich gesucht und begehrt, aber verweigert, oder damit aufgehalten worden wäre, solle er nach Verfließung von 14 Tagen von dem an, da er sich angemeldet, Macht haben, solches selbst zu fällen, doch an unschädlichen Orten und nicht auf einem Platz."

Es liegen aber auch Fälle vor, in denen von den Gebietsherren die Verpflichtung anerkannt wurde, an Bewohner gewisse Waldnutzungen durch ihre Förster verabfolgen zu lassen. In diesem Verhältnisse sind nur Beziehungen von Person zu Person, aber keine unmittelbaren Rechte an den Waldungen selbst geschaffen. Solche Befugnisse unterliegen leichter einer Veränderung als festgesetzte Rechte. Die in einer Waldordnung gemachten Zugeständnisse und Vorschriften hängen von Zeit und Umständen ab, und persönlich haftende Verpflichtungen und Befugnisse pflegen nicht auf lange Zeit hinaus begründet zu sein. Die Grafen von Leiningen-Dachsburg gewährten z. B. laut Urkunde v. 16. VI. 1616 den zu Obersteigen wohnenden Leuten in den Dachsburger Waldungen den Bedarf an Holz zur Verfertigung von Geschirr zum eigenen Bedarf und zum Verkauf, jedoch gegen ein gebührendes Ansuchen bei der Forstverwaltung und Erlegung des Anschlagpreises 2c.

Als Gegenstand und Umfang der verliehenen Rechte sollten nach den Absichten der Gebietsherren die Bedürfnisse des Lebens maßgebend sein, allein in dieser Beziehung fallen mancherlei Ausnahmen auf. In der Regel erstrecken sich die Rechte der Hauptnutzung nur auf Bauholz und Brennholz, während des Nutzholzes zum Oekonomiegebrauche selten gedacht wird.

Kaiser Rudolf von Habsburg erkennt Ende des 13. Jahrhunderts jedem Einwohner im Weißenburger Gebiete das Recht zu, in den Waldungen des Klosters drei Bäume zu fällen, um eine Kelter davon zu machen. Ebenso lasten auf den Dachsburger- und Walscheider-Waldungen verschiedenartige Nutzholzberechtigungen.

Der Grund der Erscheinung, daß im Allgemeinen des Nutzholzes keine ausdrückliche Erwähnung geschieht, wird sich daraus erklären, daß die Ansiedler zu Oekonomiezwecken passende Holzstücke theils auf ihren Gehöften, theils aus ihren Brenn- und Bauholzbezügen gewinnen konnten. So heißt es z. B. in der Holzordnung über die Lützelsteiner Grafschaftswaldungen vom 17. II. 1658: „dann was uff eines Jeden eigenthümlichen Gütern wächst, dessen freie Verwaltung bleibt Jhm vorbehalten“.

Die verliehenen Berechtigungen zu Brenn- und Bauholz sind ihrer ganzen Ausdehnung nach nicht als völlig unbeschränkt anzusehen. Kaiser Friedrich I. verlieh laut Urkunde vom 25. VI. 1164 der Stadt Hagenau den Gebrauch des dabei liegenden Waldes, in dem Sinne, daß jeder Einwohner, was er an Bau- und Brennholz nöthig hat, in demselben fällen darf; an Eichen und Buchen soll aber Niemand die Hand legen, es sei denn, daß sie zum Baue der Häuser dienen sollten. Bischof Burckard von Lützelstein gewährte am 28. IV. 1393 den Bürgern der Stadt Zabern: das weiße Holz längs dem Flusse Zorn zu fällen, so weit als die städtische Gemarkung sich erstreckt; im Greifensteinerwalde das für ihre Bedürfnisse nöthige Brandholz, mit Ausnahme der Buchen und Eichen. Pfalzgraf Leopold Ludwig verordnete am 17. II. 1658, daß, so lange in den Lützelsteiner Grafschaftswaldungen liegendes Holz vorhanden, anderes auf dem Stamme noch stehendes Holz umzuhauen verboten sein soll. Hans Reinhardt Graf zu Hanau gewährte am 22. II. 1625 den Einwohnern von Imbsheim im Walde Breitschloß Brennholz, jedoch nichts anderes als Daubholz, namentlich Hainebuchen, Birken, Espen und Erlen, sowie Windfälle, Afterschläge und Dürrholz, so keine Frucht mehr trägt 2c.

Jhrem inneren Wesen nach sollten die Brenn- und Bauholzberechtigungen Alles gewähren, was das Leben der Menschen erforderte, mit der Beschränkung, daß der Begriff des Haushaltsbedarfs maßgebend und jede Veräußerung ausgeschlossen war. Alles was die Nothdurft erheischt, also alles Brennholz, dessen die Familien zu ihrer Haushaltung und Wirthschaft bedurften, sowie alles Bauholz, welches für die Wohn- und Wirthschaftsräume der Familien nöthig war, sollte die Bevölkerung beziehen. Der Maßstab des Verbrauchs richtete sich nach den Bedürfnissen der einzelnen Familien. Ein Abmessen der Menge von Holz entsprach nicht dem Geiste der damaligen Zeit;

jedem wurde zugetheilt, was recht und billig erschien, ohne die Unterschiede in der Größe der berechtigten Ansprüche zu berücksichtigen. Diesen Sinn haben meistens die Verleihungen: Pfalzgraf Leopold Ludwig verfügte am 17. II. 1658, daß alle und jede Unterthanen das Brennholz aus den Lützelsteiner-Grafschaftswaldungen hauen, aufmachen und zu ihrem Hausbrauch und Feuer heimführen mögen, so viel einer des Jahres durch bedürftig, doch ohne Uebermaß; daß der eine oder andere Unterthan, so eine Fuhr hat, nicht Holz aus eigenem Gefallen in den Grafschaftswaldungen — denn was auf eines Jeden eigenthümlichen Gütern wächst, dessen freie Verwaltung bleibt ihm vorbehalten — sammeln und anderen zum feilen Kauf zuführe rc. Hans Reinhardt Graf zu Hanau bestimmte am 22. II. 1625, daß die Einwohner von Imbsheim ihr Brennholz die Nothdurft aus dem Walde Breitschloß holen und haben sollten, doch mit dem ausdrücklichen Bescheid, daß sie keine andern benachbarte, sonderlich die Griesbacher, mit Eckernnutzung und Holzholen zu sich ziehen, auch nerkaufen noch anderswo hinführen; daß sie auch, was sie an Bauholz nöthig und bedürftig, ebenmäßig Macht haben sollen, solches aus dem Breitschloß zu holen rc. Laut Urkunde vom 16. VI. 1616 sollten die zu Obersteigen wohnenden Leute in den Dagsburger-Waldungen das Brand- und Bauholz für den e i g e n e n Bedarf rc. erhalten.

Bei den Absichten der Gebietsherren sollten sich die Nutzungsrechte außer der Hauptnutzung auch auf alle Nebennutzungen erstrecken, welche der Wald zu spenden vermochte, als: Weide, Mast, Leseholz, Streu, Mergel, Lehm, Sand, Thon, Steine rc., zumal deren Unentbehrlichkeit bei der Ansiedelung in den Wäldern im gleichen Grade vorhanden war, wie die des Holzes; allein wir finden in den Verleihungen nur Weide, Mast, selten Streu und ganz ausnahmsweise andere Nebennutzungen wörtlich ausgedrückt. Manche mochten der Geringfügigkeit wegen oder deßhalb außer Acht geblieben sein, weil sie bei den damaligen Zuständen auf den Gehöften oder Rodeplätzen vielleicht reichlich zu gewinnen waren. Die Nebennutzungs-Berechtigungen sind gewöhnlich nicht ohne Schranken verliehen: Kaiser Friedrich I. gewährte am 27. II. 1158 dem Kloster Neuburg im heiligen Forste, am 25. VI. 1164 den Bürgern der Stadt Hagenau im dabei liegenden Walde die Weide für Schweine und andere Thiere, Schafe ausgenommen. Kaiser Rudolf von Habsburg bestimmte Ende des 13. Jahrhunderts, daß alle im Gebiete von Weißenburg wohnenden Leute das Recht haben sollen, ihre Schweine in den Wald zu den Eicheln zu treiben; thue dieses aber Jemand, der dem Gebiete fremd sei, so könne der Abt mit Hilfe seiner Kriegsleute und der Bürger die fremden Schweine fangen und damit vornehmen, was ihm gut dünke. Laut Vertrag vom 30. VIII. 1321 stand den Bürgern von Neuweiler die freie Eichelmast in den Wäldern Breitschloß und Jungholz für alle ihre aufgezogenen Schweine zu. Hat der Bürger keine Schweine aufgezogen, so darf er vier vor dem Feste des heiligen Jacob anschaffen, aber zahlt dem Kloster von jedem die Abgabe, Deheme genannt. Laut Urkunde vom 16. VI. 1616 haben die Dagsburg'schen Unterthanen das Recht die Dagsburger Waldungen mit ihren Rindern und Schweinen für Rauhweide zu betreiben, mit Ausschluß der Schafe; sie haben auch das Eichelrecht, müssen aber von jedem Schweine eine Gebühr von 1/2 Batzen (6 Pf.) entrichten 2c.

Dem Wohlwollen der Gebietsherren für das Bestehen der Ansiedler lagen selbstsüchtige Absichten zu Grunde. Als Lockspeise wurden einzelne Nutzungsrechte unentgeldlich gewährt, an Zins-, Zehnt- und anderen Gefällen und Leistungen Entschädigung erhaltend. Gewöhnlich mußten die Ansiedler für die Holzbezüge 2c. außer den Anweisegebühren den Forstzins oder den Holzgebrauchswerth bezahlen. Letzterer wurde nicht nach Versteigerungen, sondern nach billigem Gutdünken bestimmt. Hier und dort aber hatte man eine so lange Reihe von Jahren hindurch zu gleichem Preise Holz verabfolgt, daß Verjährung ein Hinderniß seiner Erhöhung wurde. Solche Holzgerechtigkeiten gegen festen Forstzins und gegen fest zu stellenden oder wandelbar bleibenden vollen oder theilweisen Holzwerth kommen namentlich in den Dagsburger-Waldungen vor, insbesondere sind dort den Besitzern der Erbstands-Sägemühlen, jede zu 24 bezw. 18 Tagewerken, für das Tagewerk 3 Tannenstämme gegen Zahlung der Hälfte des alljährlich festzustellenden Handelswerths, sowie Brennholz nach Bedürfniß theils gegen 8 Pf. Stockgeld und einen Anschlagspreis, theils zur vollen Taxe verliehen.

Die Gemeindewaldungen sind nicht mehr, wie bei den Markwaldungen der Urzeit, an den Grundbesitz, sondern an die Gemeinde geknüpft. An die Stelle der Markgenossenschaft ist die Gesammtheit der Gemeinde als Eigenthümerin getreten. Die gemeinsame Grundlage für die Zulassung zur Nutznießung in den Gemeindewaldungen beruht auf dem dauernden Wohnsitz, das Heimaths- und Einwohnerrecht. Die eigenthümliche Seite der alten Berechtigung, wonach sie unabhängig von allem Gemeindeverbande dem Bewohner des Gebiets als solchem zustand, verschwand. Zwischen dem Wald und die einzelnen Bewohner trat die Gemeinde als Vermittlerin. Allmählich ging das Waldrecht von den bisherigen Inhabern, den Bewohnern, auf die bürgerliche Gemeinde über; aber die Gemeinde übte die Nutznießung nicht um ihrer selbst, sondern um ihrer Angehörigen willen aus, und hatte namentlich das Holz unter diese alljährlich zur Befriedigung ihres häuslichen Bedarfs unentgeldlich zu vertheilen. Hier und dort kam es vor, daß die Gemeinde selbst zu gemeinem Zweck Brenn- und Bauholz nutzte. So lange die Gemeindewaldungen kostenfrei mehr gaben, als die Gemeinde-Angehörigen bedurften, mochte die Gemeinde über den Ertrags-Ueberschuß verfügen. Als aber die Gemeindewaldungen nicht mehr den Bedarf der Bewohner spendeten und diese sich Schmälerung ihrer Bezüge gefallen lassen mußten, konnte auch von Ueberschüssen nicht mehr die Rede sein. Gleichwol hat sich vielerseits die Gemeindeverwaltung mit der Zeit tiefe Eingriffe in das Vermögen der Bewohner angemaßt; sie ging sogar so weit, die Holzbezüge mit Geld-Auflagen für Gemeindezwecke zu belasten, ja sie entzog das Genußrecht den Bewohnern mehr oder weniger ganz und verwerthete die Nutzungen durch öffentliche Versteigerungen zum Besten der Gemeindekasse. Auf diesem Wege waren die Gemeinde-Ausgaben leicht zu decken, weßhalb denn auch dieses widerrechtliche Verfahren von Seiten der öffentlichen Verwaltung Unterstützung fand.

Wir begegnen im Allgemeinen bezüglich der Nutznießung der Gemeindewaldungen einer bunten Mannigfaltigkeit. Schon daraus, daß man ohne bestimmte Grundsätze die Gemeindeverwaltung mit dem wohlerworbenen Rechte der Bewohner schalten und walten ließ, ist die große Verschiedenheit in der Behandlung der Sache erklärlich.

So viel steht fest, daß das Recht zu freien Holzbezügen ein Gemeingut aller Einwohner mit Heimathsrecht geworden ist und daß Waldertrags-Ueberschüsse zum Besten der Gemeindekasse erst nach Befriedigung des häuslichen Bedarfs der Gemeindeangehörigen in Frage kommen können.

Die Privatwaldungen und Waldungen der öffentlichen Anstalten haben bezüglich der darauf lastenden Nutzungsrechte dieselbe geschichtliche Entwickelung, wie die Staatswaldungen.*

* Hier noch eine kurze Darstellung der Rechtsgeschichte Frankreichs: Mit der Herrschaft der Römer verbreitete sich auch das Römische Recht über Gallien, über das nachmalige Frankreich. Als die sog. große Völkerwanderung auch in Gallien der Herrschaft der Römer ein Ende gemacht, und mehreren von deutschen Völkerschaften, (den Franken, den Gothen, den Bourguiguous) gestifteten Staaten das Dasein gegeben hatte, war der Zustand der bürgerlichen Gesetzgebung in diesen Staaten ungefähr derselbe, wie in den übrigen Reichen, welche nach und nach von Völkern deutschen Ursprungs in den Provinzen des römischen Reichs gestiftet worden waren. Die bisherigen Einwohner dieser Provinzen, die Römer, wurden nach den römischen, die Eroberer nach ihren Volksgesetzen, also nach deutschen Rechten gerichtet. Die Bewohner des südlichen Frankreichs, insbesondere die Gothen, blieben fortdauernd in einer näheren Verbindung mit Italien. So geschah es denn, daß hauptsächlich in den südlichen Provinzen Frankreichs das römische oder geschriebene Recht die Oberhand erhielt, während in den westlichen und nördlichen Theilen des französischen Staatsgebietes sich mit der Zeit aus den ihrem Ursprunge nach deutschen Volksrechten mehrere Gewohnheitsrechte entwickelten, die insgesammt in gewissen Grundzügen mit einander übereinstimmten. Eine jede Familie bildete gleichsam einen Staatsverein für sich. Daher war das Vermögen der einzelnen Familienglieder, insbesondere das liegenschaftliche, zugleich das Gesammteigenthum des ganzen Geschlechts. Die Volksgemeinde war ein unter allen diesen kleinen Gemeinden vertragsweise abgeschlossener Staatsverein, ein Bündniß gegen auswärtige Feinde und zur Aufrechthaltung des Rechts der einzelnen Familien. Jedoch dieses eigenthümliche Familienrecht war nur das Recht der freien oder edlen Geschlechter; und ebenso bestand die Volksgemeinde nur aus freien Männern des Volks. Um ein freier Mann zu sein, mußte

Regelung der Waldrechte.

Aus dem Vorhergehenden haben wir bezüglich der Waldberechtigungen gesehen, wie die Macht der Verhältnisse bedeutende Veränderungen im allmählichen Lauf der Zeiten herbeigeführt und wie aus Mangel einheitlicher be-

man ein von Frohnen und Zinsen freies Grundstück besitzen. Die Grundholden, die welche auf dem Grund und Boden eines Andern saßen, gehörten zu dem Stande der Unfreien. Sie wurden von ihrem Grundherrn vor der Volksgemeinde vertreten. So war also der Staatsverein zugleich ein dinglicher Verein, d. i. ein Verein unter den Grundeigenthümern. Eine wesentliche Veränderung erlitt das Recht, nach welchem ursprünglich der Grund und Boden in dem Frankenreiche besessen wurde, als von den Königen des zweiten Herrscherstammes das Lehnswesen planmäßig eingeführt wurde. An die Stelle der Volksgemeinde trat der König. Der Staatsverein beruhte zwar nach wie vor auf einem Vertrage, aber der Vertrag war zwischen einem Herrn und seinen Dienern abgeschlossen. Die Gewohnheitsrechte bildeten sich und erhielten sich anfangs nur durch mündliche Ueberlieferungen und durch den Gerichtsgebrauch. Endlich befahl der König Karl VII. 1452 amtliche Sammlungen von jenen Gewohnheitsrechten zu fertigen. Das römische Recht erhielt schon damals einen bedeutenden Einfluß auf den Inhalt dieser Rechte. Seit dem 15. bezw. 16. Jahrhunderte hatten eine große Anzahl Länder ein Recht, welches, zwar seinem Ursprunge nach ein Gewohnheitsrecht, dennoch seiner Form und Gültigkeit nach ein geschriebenes Recht war. Uebrigens hatte in den Ländern des Gewohnheitsrechts das römische Recht zwar nur in den Fällen die Gültigkeit eines geschriebenen Rechts, wenn der königliche Brief, durch welchen die Coutume bestätigt worden war, ausdrücklich auf dasselbe verwies. Aber von den Gerichten dieser Länder wurde das römische Recht als eine Sammlung allgemein gültiger Entscheidungen, besonders in der Lehre von den Verbindlichkeiten und den Verträgen, zur Ergänzung der Coutumes gebraucht. Unter den ersten Königen des dritten Herrscherstammes ruhte anfangs die gesetzgebende Gewalt fast gänzlich. Frankreich war damals, wenn auch nicht dem Namen, doch der Sache nach, ein Bundesstaat, der König nur der Vorsteher dieses Bundes. Jedoch nach und nach erholte sich die königliche Gewalt wieder von diesem Zustande der Schwäche. So schwankend anfangs das Ansehen und so unbestimmt anfangs das Gebiet der königlichen Verordnungen gewesen war, so unbestritten und so unbeschränkt war die Gesetzes-

stimmter Grundsätze ein solcher Wirrwarr sich gebildet hatte, daß ein stetes Schwanken und eine Unsicherheit in der Behandlung der Sache die natürliche Folge war. So lange der Wald eine untergeordnete Stellung einnahm, mochten die Zustände sich halten lassen; nachdem aber derselbe in sein Recht eingetreten war und als wichtiger Bestandtheil im wirthschaftlichen Leben, als ein Schatz von unvergänglicher Dauer Bedeutung erlangte, machte sich das dringende Bedürfniß geltend, die Waldberechtigungsverhältnisse auf eine feste und sichere Grundlage zurückzuführen.

Vor der Revolution bestand in Elsaß-Lothringen das deutsche Gewohnheitsrecht der einzelnen Herrschaften und Städte. Nur die je nach der Zeit der Einverleibung mit Frankreich erlassenen königlichen Verordnungen hatten verbindende Kraft. Dieses Recht stand mit den Grundsätzen der Revolution: Einheit des Staates, Gleichheit des Rechts, Aufhebung der Lehnsverfassung 2c. geradezu in Widerspruch. Das Eigenthumsrecht 2c. wurde neu geschaffen und neu gestaltet. So bestand nun das bürgerliche Recht nur noch aus unter einander schwer zu vereinigenden Bruchstücken. Die Vorrechte der einzelnen Herrschaften hatte man aufgehoben; man hatte dem Staatsgebiete eine neue Eintheilung gegeben; und doch mußte man noch das Gewohnheitsrecht der einzelnen Herrschaften und Städte bestehen lassen. Ein neues bürgerliches Gesetzbuch sollte Licht und Ordnung bringen. In den Jahren 1803 und 1804 wurden nun die verschiedenen Gesetze, welche jetzt das bürgerliche Gesetzbuch bilden, nach und nach verfügt. Durch Gesetz v. 21. III. 1804 erhielt dasselbe verbindende Kraft. Die Hauptquelle in der uns hier interessirenden Lehre von den Dienstbarkeiten ist das römische Recht. Wenn nun auch

---

kraft derselben nach dem späteren Verfassungsrechte, d. h. etwa seit der Mitte des 17. Jahrhunderts. Uebrigens hoben die königlichen Verordnungen, ob sie wohl für ganz Frankreich verbindende Kraft hatten, den Unterschied zwischen den Ländern des geschriebenen und denen des Gewohnheitsrechts nur in einzelnen Lehren oder Beziehungen auf. So mannigfaltig und eines so verschiedenen Geistes und Ursprungs waren die Quellen des französischen bürgerlichen Rechts, als die Revolution ausbrach. Zachariä I. 105 2c.

das bürgerliche Gesetzbuch für ganz Frankreich einheitlich sein mußte und nicht speciell für Elsaß-Lothringen die Dienstbarkeit des deutschen Rechts bestätigt werden konnte, so hätte man doch in diesem Theile des Gesetzbuches dem älteren Rechte folgen und entsprechend mit dem neueren Rechte in Einklang setzen sollen, um so mehr, da der größte Theil Frankreichs sich auf das deutsche Recht stützte. Jedoch hat der Richter die Rechtsgewohnheiten der Vorzeit fortdauernd zu beachten; er ist sogar verpflichtet, in den unter der Herrschaft des neuen Rechts stehenden Fällen Rechtsgewohnheiten seinen Entscheidungen zum Grunde zu legen, wenn und inwiefern ihn die Gesetze durch eine besondere Vorschrift ausdrücklich auf das Herkommen verweisen, wie z. B. Art. 590. 591. 593. 671 2c. d. B. G. B.

Das Gesetz unterscheidet die persönlichen Dienstbarkeiten von den Grund-Dienstbarkeiten. Zu den ersteren zählt es das Recht der Nutznießung, das Nutzungs- und das Wohnungsrecht. Für die vorliegende Aufgabe hat vornehmlich Interesse

das Nutzungsrecht.

Das Nutzungsrecht ist das dingliche Recht, kraft dessen Einer zu seinem und der Seinigen Bedürfnisse die Sache eines Andern gebrauchen oder die Früchte von der Sache eines Anderen beziehen kann.[1] Art. 630. 631. 633 d. B. G. B. Bezüglich der Erwerbung des Nutzungsrechtes ist die Bestimmung des Art. 625 d. B. G. B. maßgebend, es kann jedoch das Nutzungsrecht nur entweder auf dem Gesetze oder auf einem Rechtstitel, und nicht auf der Ersitzung[2] beruhen. Die besonderen Rechte des Nutzungsberechtigten sind zuvörderst nach dem Titel der Nutzung, sodann aber nach folgenden Regeln zu bestimmen: 1. Der Umfang des Nutzungsrechtes richtet sich nach dem Bedürfnisse des Berechtigten und seiner Familie. Art. 630 d. B.

[1] Lassaulx III. 171 f. Proudhon VI. 2739.

[2] Ausgenommen jedoch was die Dienstbarkeiten betrifft, welche nach dem vormaligen Rechte durch Ersitzung erworben werden konnten und nach diesem Rechte vor der Verkündigung des B. G. B. bereits durch Ersitzung erworben waren. Art. 691, 2118, 2265 d. B. G. B. Duranton V. 7.

G. B.[1] 2. Der Nutzungsberechtigte kann sein Recht nicht in Bestand geben oder einem Anderen abtreten, und ebenso wenig die Früchte, die er von der Sache bezieht, verkaufen,[2] oder eine Dienstbarkeit oder ein Unterpfand an seinem Nutzungsrechte bestellen.[3] Art. 628—631. 2118 d. B. G. B. Der Nutzungsberechtigte hat die Kosten der Unterhaltung und die auf die Benutzung der Sache gelegten Abgaben verhältnißmäßig zu tragen.[4] Art. 627, 635 d. B. G. B. Das Nutzungsrecht geht nicht durch den bürgerlichen Tod des Berechtigten verloren. Art. 625. 25. 1982 d. B. G. B.[5]

Von dem im Vorstehenden behandelten Nutzungsrechte wesentlich verschieden ist das Nutzungsrecht, welches einer Gemeinde oder einem Grundeigenthümer an Staats- oder Privatwaldungen zustehen kann als eine

Grunddienstbarkeit.

Eine Grunddienstbarkeit, die auf einer rechtlichen Thatsache beruht, ist eine Last, die einem Grundstücke zum Vortheil eines einem andern Herrn gehörenden Grundstückes in der Art auferlegt wird, daß der Eigenthümer des dienstbaren Grundstücks zum Besten des herrschenden Grundstücks etwas zu leiden oder zu unterlassen verbunden ist. Art. 686 d. B. G. B.[6] Es geht das Recht auf einen jeden Besitzer des herrschenden Grundstücks über, wenn auch in dem Erwerbungstitel dieses Uebergehens nicht gedacht worden sein sollte. Das Recht der Dienstbarkeit ist ein untheilbares Recht, d. h. es haftet auf einem jeden einzelnen Theile des Grundstücks, dem es bestellt worden ist. Hieraus folgt z. B.: wenn das herrschende Grundstück von Mehreren gemeinschaftlich besessen oder unter Mehrere getheilt wird, so kann ein jeder einzelne Miteigenthümer und bezw. ein Jeder, der einen Theil des

[1] Proudhon VI. 2760. Duranton VI. 17.
[2] Duranton V. 25.
[3] Auch kann das Nutzungsrecht nicht mit Beschlag belegt werden. Duranton V. 22.
[4] Proudhon VI. 2786.
[5] Lassaulx III. 162.
[6] Zachariä II. 54.

Grundstücks besitzt, die Dienstbarkeit ausüben, mit dem Vorbehalte jedoch, daß die Last des dienstbaren Grundstücks nicht erschwert werden darf. Art. 700 d. B. G. B. Wenn auch nur von einem der Miteigenthümer des herrschenden Grundstücks die Dienstbarkeit ausgeübt wird oder auch nur gegen den einen nicht die Verjährung läuft, so kann die Dienstbarkeit gegen die sämmtlichen Miteigenthümer nicht verjährt werden. Art. 709. 710 d. B. G. B. Es haftet dieses Recht auf dem Grund und Boden des herrschenden Grundstücks. Es dauert daher fort, wenn sich auch die Oberfläche des herrschenden Grundstücks verändert. Art. 704 d. B. G. B. Eine Dienstbarkeit kann nicht in der Art bestellt werden, daß dem Eigenthümer des dienstbaren Grundstücks die Verbindlichkeit auferlegt würde, etwas zu thun oder zu geben, ausgenommen wenn der Titel der Dienstbarkeit oder eine andere Rechtsurkunde solches bestimmt. Art. 698 d. B. G. B. Im letzteren Falle kann der Eigenthümer des dienstbaren Grundstücks sich seiner Verbindlichkeit dadurch entledigen, daß er das dienstbare Grundstück dem Eigenthümer des herrschenden Grundstücks abtritt. Art. 699 d. B. G. B. Man kann eine Dienstbarkeit nur an Grundstücken, und nicht an anderen Liegenschaften erwerben.[1] Zur Erwerbung einer nicht ständigen oder einer verborgenen Dienstbarkeit[2] ist selbst ein unvordenklicher Besitzstand nicht hinreichend, sondern jederzeit ein Titel erforderlich, ausgenommen jedoch was die Dienstbarkeiten betrifft, welche nach dem vormaligen Rechte durch Ersitzung erworben werden konnten und nach diesem Rechte vor der Verkündigung des B. G. B. bereits durch Ersitzung erworben waren.[3] Die Rechte, welche dem Eigenthümer des herrschenden Grundstücks zustehen, sind zuvörderst nach dem Titel der Dienstbarkeit,[4] sodann aber nach folgenden Regeln zu behandeln: 1) Der Eigenthümer des herrschenden Grundstücks ist berechtigt, von dem

---

[1] Troplong 403.

[2] Weiderecht ꝛc.

[3] Diese Dienstbarkeiten sind nach dem älteren Rechte zu beurtheilen. Art. 691 d. B. G. B. Zachariä II. 61.

[4] Art. 686 d. B. G. B.

dienstbaren Grundstücke alle die Vortheile zu beziehen, welche in dem Zwecke der Dienstbarkeit, mit Rücksicht auf den Zustand des herrschenden Grundstücks zur Zeit der Bestellung der Dienstbarkeit, wesentlich liegen. 2) Es ist ihm überdies verstattet, auf seine Kosten alles das zu thun und vorzunehmen, was zur Ausübung der Dienstbarkeit nothwendig ist. Art. 696. 697. 698 u. 699 d. B. G. B. 3) Eine Dienstbarkeit kann nur zum Vortheil des herrschenden Grundstücks ausgeübt, mithin z. B. nicht ohne das Grundstück verpachtet oder veräußert oder auf ein anderes Grundstück übertragen werden. Art. 686 d. B. G. B.[1] 4) Der Herr der Dienstbarkeit darf weder auf dem einen noch auf dem anderen Grundstücke, und ebenso wenig mit der Ausübung der Dienstbarkeit irgend eine Veränderung vornehmen, welche die auf dem dienstbaren Grundstücke ruhende Last erschwert. Art. 702 d. B. G. B.[2] Das B. G. B. handelt nicht von den einzelnen Arten der Dienstbarkeiten, und es sind daher die besonderen Rechte, welche aus der einen oder anderen Dienstbarkeit entstehen, nach den vorstehenden Grundsätzen, sowie, in einem jeden einzelnen Falle, nach den Regeln, die von der Auslegung rechtlicher Willenserklärung überhaupt gelten, ingleichen mit Rücksicht auf den Besitzstand zu beurtheilen. Uebrigens sind die Dienstbarkeiten, deren das römische Recht gedenkt, auch die jetzt noch üblichen, z. B. das Weiderecht rc.[3] Dem Eigenthümer des dienstbaren Grundstücks verbleiben, ungeachtet der auf dem Grundstücke haftenden Dienstbarkeit, alle Rechte des Eigenthums, mit der einzigen Einschränkung, daß er alles das zu leiden oder zu unterlassen hat, was der Herr der Dienstbarkeit, kraft dieser, zu thun oder ihm zu verbieten berechtigt ist, daß er mithin auch sich einer jeden Handlung zu enthalten hat, wodurch er die Vortheile,

---

[1] Eine Grunddienstbarkeit kann nicht losgelöst von dem herrschenden Grundstücke übertragen werden. Nur das Eigenthum an denjenigen Grundstücken, welche das herrschende Gut gebildet haben, kann ein Recht auf die Dienstbarkeit gewähren. Entsch. d. A. G. Colmar v. 7. V. 1877.

[2] Zachariä II. 66.

[3] Lassaulx III. 343. S. auch über die Dienstbarkeiten in Waldungen überhaupt.

die von der Dienstbarkeit gezogen werden können und dürfen, vermindern oder die Ausübung der Dienstbarkeit erschweren könnte. In zweifelhaften Fällen hat man für die Freiheit des Eigenthums, d. i. für die Regel und gegen die Ausnahme zu entscheiden.[1] Ueberdies hat das Gesetz in folgendem Falle den Eigenthümer des dienstbaren Grundstücks noch besonders begünstigt: Wenn die Stelle, welche zur Ausübung der Dienstbarkeit ursprünglich angewiesen worden ist, in der Folge der Zeit und unter veränderten Umständen zu einer Erschwerung der Dienstbarkeit Veranlassung gibt oder den Eigenthümer des dienstbaren Grundstücks an Verbesserungen verhindert, so kann dieser die Verlegung der Dienstbarkeit an eine andere für den Berechtigten gleich bequeme Stelle verlangen. Art. 701 d. B. G. B.[2] Die Dienstbarkeiten erlöschen: 1) Wenn sie durch eine Natursache oder durch eine rechtmäßige Handlung eines Dritten aufhören, einen Gegenstand zu haben, d. h. wenn das Grundstück, auf welchem die Last haftet, entweder gänzlich zerstört oder weggerissen oder seiner Gestalt nach dergestalt verändert wird, daß es unmöglich ist, die Dienstbarkeit auszuüben. Jedoch leben die Dienstbarkeiten wieder auf, wenn der vorige Zustand der Dinge, ehe 30 Jahre abgelaufen sind, wieder hergestellt wird. Art. 703. 704 d. B. G. B.[3] 2) Wenn das herrschende und das dienstbare Grundstück in einer und derselben Hand vereinigt werden. Art. 705 d. B. G. B. Ausgenommen jedoch Art. 694. 2177 d. B. G. B.[4] 3) Durch den Nichtgebrauch während einer Zeit von 30 Jahren. Art. 706 d. B. G. B. Nicht ständige Dienstbarkeiten gehen durch den bloßen Nicht-

---

[1] Toullier III. 654. Lassaulx III. 225.

[2] Zachariä II. 68. Kein Zweifel, daß der Satz nicht bloß von den gesetzlichen, sondern auch von den durch einen Vertrag rc. bestellten Dienstbarkeiten gelte. — Dem Eigenthümer des dienstbaren Grundstücks wird dieses Recht auch dann zustehen, wenn er darauf in dem Vertrage verzichtet hätte. Ebenso auch dann, wenn die Verlegung der Dienstbarkeit nicht durch die ursprüngliche Beschaffenheit des dienstbaren Grundstücks, sondern durch eine mit demselben vorgenommene oder vorzunehmende Veränderung nothwendig gemacht würde.

[3] Zachariä II. 69.

[4] Lassaulx III. 253.

gebrauch verloren. Art. 707. Dieselben Grundsätze sind auch dann anwendbar, wenn die Art, wie die Dienstbarkeit ausgeübt werden kann, in Frage steht. Art. 708. — 4) Wenn der, welcher die Dienstbarkeit bestellt hat, nur ein widerrufliches Eigenthum an dem Grundstücke hatte, und dieses Eigenthum widerrufen wird. — 5) Wenn der Berechtigte auf die Dienstbarkeit verzichtet oder verzichten muß.[1] 6) Wenn ihm die Dienstbarkeit durch ein richterliches Urtheil (Art. 731 d. B. G. B.) abgesprochen wird.[2]

Bei der Abfassung des bürgerlichen Gesetzbuchs erkannte man, daß dasselbe die mannigfachen Waldrechte nicht mit umfassen konnte, und verfügte daher in Art. 636, daß das Nutzungsrecht an Staats- oder Privatwaldungen durch besondere Gesetze bestimmt werden solle. Hiernach ist dieses zuvörderst nach den für dasselbe bestehenden besonderen Gesetzen, und sodann zu deren Ergänzung nach den von den Dienstbarkeiten geltenden Grundsätzen zu beurtheilen.[3]

Daß eine Forstgesetzgebung mit großen Schwierigkeiten verbunden war und der sorgfältigsten Erwägung bedurfte, ergibt sich aus dem Bisherigen um so mehr, als das französische Recht keine gesunde Grundlage bot.

In den alten Provinzen Frankreichs bestanden viele Wald-Verordnungen, namentlich die von 1669; allein diese waren auch dort den Bedürfnissen der Zeit nicht mehr angemessen, dabei hatten zahlreiche Erlasse, Beschlüsse des Staatsraths 2c. der Art die Verwirrung vermehrt, daß die Anwendung der Gesetze große Schwierigkeit machte. Die Umarbeitung dieser vielfachen und oft widersprechenden Verfügungen, ihre Verschmelzung in ein einziges Gesetz, dessen Einfluß so groß und so wichtig ist, erforderte besondere Sorgfalt. Im Jahre 1822 erhielt die Forstverwaltung den Auftrag, eine allgemeine Forstgesetzgebung zu entwerfen. Dieser Entwurf wurde im Jahre 1823 an einen Ausschuß von Staatsräthen und andern Beamten

---

[1] Duranton V. 648. G v. 6 X. 1791, Art. 8. — Art. 545 d. B. G. B. G. v 7. VII. 1833, Art. 21, 22.

[2] Zachariä II. 71. Toullier III. 666. Lassaulx III. 355.

[3] Duranton V. 70. Lassaulx III. 174. Merlin m. droit d'usage. Favard m. droits d'usage. Dalloz m. communes, forêts.

zur Beleuchtung verwiesen. Der zweite Entwurf ward noch einem besonderen Ausschusse zur Prüfung übergeben und mit dessen Erläuterungen den verschiedenen obern Behörden des Landes mitgetheilt, deren Bemerkungen eine abermalige Umarbeitung des Entwurfs veranlaßte. In dieser neuen Fassung kam er schließlich im Volks- und Oberhause zur Vorlage und mit verschiedenen Abänderungen zur Annahme. Obschon demnach außerordentliche Sorgfalt beobachtet worden ist, so muß doch beklagt werden, daß in den Ausschüssen Elsaß-Lothringen nicht genügend vertreten war, um die Eigenthümlichkeiten dieses Landestheils zur Geltung zu bringen. Das am 21. V. 1827 verkündigte Forstgesetzbuch ordnet, mit Aufhebung aller früheren denselben Gegenstand betreffenden gesetzlichen Vorschriften (Art. 218), in 225 Artikeln das gesammte Forstwesen sowohl in Beziehung auf die Rechte und Interessen des Staates als in Beziehung auf die der Einzelnen. Seine Vorschriften greifen wesentlich in das bürgerliche Recht ein, namentlich stellt es die Grundbestimmungen über die Ausübung, Beschränkung und Ablösung der Waldrechte fest.

Durch das Forstgesetzbuch wurde jedenfalls in den forstlichen Verhältnissen ein großer Wendepunkt herbeigeführt. In dem hier betretenen Wege müssen wir bezüglich der Waldrechte eine Maßregel erblicken, die im Großen und Ganzen den beiden Haupterfordernissen eines solchen bedeutenden Schrittes: der Gerechtigkeit und der Zweckmäßigkeit, nach dem damaligen bürgerlichen und wirthschaftlichen Standpunkte gebührend Rechnung getragen hat. Die fühlbaren Mängel für Elsaß-Lothringen, worauf wir später zurückkommen, wollen wir dabei nicht in Rechnung ziehen.

Das Gesetz entscheidet immer, wenn von Eigenthum des Staats, das nicht ohne dasselbe veräußert werden kann, die Rede ist; wenn das Privatinteresse in Frage steht, Verbote zu erlassen, Strafen zu erkennen, oder gerichtliche Handlungen anzustellen sind, oder wenn der Bürger mit der Verwaltung zu verhandeln hat. Alles Uebrige, alles was die Aufsicht über die Staatswaldungen, die innere Polizei, ihre Verwaltung, ihre Benutzung und Schonung betrifft, ist Sache der Ausführungs-Verordnung vom 1. VIII. 1827.

Gestützt auf die Grundlage des französischen Rechts sind nun die Waldrechte folgendermaßen geregelt:

Von den Vergünstigungen in den Stadtwaldungen.

In der Vorzeit, wo das Holz noch einen geringen Werth hatte und man keine Versteigerungen kannte, ertheilten die Gebietsherren gern Vergünstigungen zu Holzbezügen, namentlich zum gemeinen Besten und behufs Hebung der Gewerbsthätigkeit. Die Empfänger mußten dafür einen Forstzins, d. h. eine Abgabe in Naturalien oder Geld erlegen, die nach billigem Gutdünken bestimmt wurde und durch ihre Wandelbarkeit sich vor anderen gewöhnlich festen Zinsgefällen auszeichnete. Dieser sog. Holzgebrauchswerth war häufig eine so lange Reihe von Jahren hindurch derselbe geblieben, daß Verjährung ein Hinderniß seiner Erhöhung wurde. Durch Aufhebung von Zins-, Zehnt- und anderen Gefällen löste sich das Band zwischen Gebietsherren und Unterthanen, damit hätten folglich auch die Holzbewilligungen gegen Forstzins aufhören müssen; allein die häufig unklaren und verwirrten Verhältnisse legten die besondere Schonung auf, mit welcher in Abschnitt VII Art. 58—60 des Forstgesetzbuches vom 21. V. 1827 vorgegangen ist. In dem bezüglichen Gesetz-Entwurfe wird von der damaligen Forstverwaltung Folgendes hervorgehoben:

Die fraglichen Holzbewilligungen geschahen in der Zeit, wo Holz im Ueberfluß vorhanden war; jedoch geht ihr Ursprung nicht so weit in die Vorzeit zurück, als die Waldnutzungsrechte; auch sind sie nicht so häufig.

In den Provinzen Lothringen und Elsaß finden sich die meisten Holzbewilligungen. Der Mißbrauch derselben ging häufig zu weit; es wurde für 4 Pfennige der Raummeter Holz abgegeben, während die Empfänger zu vortheilhaften Preisen das Holz verkauften; dabei wurden die solchen Abgaben unterliegenden Waldungen oftmals unwirthschaftlich behandelt. Dieser Zustand der Dinge gab zu beständigen Klagen Anlaß, weßhalb schon die gesetzgebende Volksversammlung Ende des vorigen Jahrhunderts verschiedene Holzbewilligungen aufhob, z. B. mittelst Verordnung v. 25. II. 1790 die der Saline von Montmorot,

v. 30. III. 1790 die der Saline von Dieuze, von Moyenvic, und von Chateau=Salins.

Die Holzbewilligungen sollten weder ein Eigenthums=recht, noch ein Nutzungsrecht zu Gunsten derjenigen ein=räumen, welchen sie gewährt worden sind; sie sollten vielmehr aufmunternde Geschenke, Vergünstigungen oder Gnaden=Verleihungen sein, die zu jeder Zeit widerrufen werden können, wie aus dem Gutachten des Staatsraths vom 5. V. 1821, der Verfügung des Finanzministers vom 17. VII. 1821 und der Königl. Verordnung vom 17. X. 1821, wegen des Widerrufs der den Eisenhütten von Reichshofen ertheilten Holzbewilligungen, erhellet.

Der zweite Gesetz=Entwurf wurde den öffentlichen Behörden zur Begutachtung mitgetheilt.

Zwei Gerichtshöfe gaben zu, daß der Staat das Recht habe, die Holzbewilligungen aufzuheben, waren jedoch der Meinung, daß dieses Recht nicht auf diejenigen Anwendung finden könne, welche unter lästigen Bedingungen ertheilt worden seien.

Drei Gerichtshöfe haben bemerkt, daß man die Dauer der Verleihungen, welche augenscheinlich auf ewige Zeiten gemacht worden seien, nicht beschränken könne; aber einer von diesen Gerichtshöfen mit dem Zusatze, daß nicht alle Verleihungen, deren Dauer unbestimmt sei, als auf ewige Zeiten ertheilt, anzusehen wären, und daß man deßhalb die Streitigkeiten, welche sich hinsichtlich der Dauer der Verleihung erheben könnten, durch die Gerichte entscheiden lassen solle.

Ein Gerichtshof äußerte, daß, wenn die Dauer einer Holzberechtigung nicht bestimmt wäre, man sie als auf ewige Zeiten ertheilt, halten müsse; daß dieser Grundsatz bei den Waldnutzungsrechten angenommen sei; daß, im entgegengesetzten Falle, Jemand, der auf ein solches Ver=sprechen hin ein Werk erbaut hätte, nach 30 Jahren kein Mittel mehr haben würde, dasselbe im Gange zu erhalten.

Zwei Gerichtshöfe und ein Bezirkspräsident waren der Ansicht, das Gesetz könne dritten Personen kein auf eine Urkunde gegründetes Recht nehmen.

Der Untersuchungsausschuß des Cassationshofes war gleichfalls der Meinung, daß die auf immer ertheilten

Holzverleihungen nach ihrem Inhalt und ihrer Form vollzogen werden müßten, der Staatsregierung jedoch vorbehalten sei, sich von denselben zu befreien, sei es durch Abtretung eines Waldtheils, oder durch eine billige vorläufige Entschädigung, die entweder gütlich, oder, im Falle einer Streitigkeit, von den Gerichten bestimmt werden solle.

Alle diese Bemerkungen gaben Anlaß zu untersuchen:

1. Ob man die auf ewige Zeiten ertheilten Verleihungen aufheben oder abändern könne?

2. Ob, wenn in den Urkunden keine Dauer bestimmt sei, die Verleihung als auf ewige Zeiten ertheilt angesehen werden müsse?

3. Ob man zwischen den unentgeldlich und den mit Gegenleistung ertheilten Verleihungen einen Unterschied machen müsse?

4. Ob, im Fall der Aufhebung, den Inhabern solcher Verleihungen eine Entschädigung gebühre, insbesondere ob diese Entschädigung in einer Waldabtretung bestehen müsse?

Zu 1. Die erste Frage wird schon durch die Domänen-Gesetze entschieden, welche alle Veräußerungen von Staatsgütern, alle auf ewige Zeiten gemachten Verleihungen, alle auf Erbpacht oder auf mehrere Lebensalter ausgestellten Lehnungen wiederrufen haben.[1] Sie wird gleichfalls entschieden durch den Grundsatz der Unveräußerlichkeit,[2] welcher für die königlich französischen Domänen, wie für jene der alten Herzoge von Lothringen angenommen war; ein Grundsatz, der durch ein Gutachten des Staatsraths vom 5. V. 1821, eine königl. Verordnung vom 17. X. 1821 und ein Gutachten des Finanz-Ausschusses vom 5. XII. 1823 seine Anwendung auf verschiedene Holzbewilligungen erhalten hatte.

Auch wird diese Frage auf eine ganz eigenthümliche Art durch Art. 11 Tit. 20 und Art. 1 Tit. 27 der Verordnung von 1669 entschieden..[3]

---

[1] G. v. 1. X. 1790, 3. u. 17. IX. 1792 u. 4. III. 1799.

[2] Edikt vom Februar 1566.

[3] Es ist dabei zu beachten, daß die Staats-Waldungen im Elsaß vormals, zum Theil bis zur Zeit der Revolution, im grundherrlichen Eigenthum der einzelnen Herrschaften standen und deren freier Dispositionsbefugniß unterworfen waren; mithin deren ver-

Zu 2. Ob, wenn die Urkunden für die Dauer einer Verleihung keine Zeit bestimmen, dieselbe als auf ewige Zeiten ertheilt anzusehen sei, ist aus dem Grunde unerheblich, weil die Gesetze sogar die auf Erbpacht und auf mehrere Lebensalter ausgestellten Lehnungen für widerruflich erklären.

Zu 3. Was die Frage betrifft, ob ein Unterschied zwischen der unentgeldlich und den mit Gegenleistung ertheilten Verleihungen zu machen sei, so kann deren Auflösung nur in Rücksicht der etwa gebührenden Entschädigung wichtig sein, weil durch die beregten Gesetze alle Veräußerungen von Staatsgütern, alle Bewilligungen von Holz, sie mögen unentgeldlich oder gegen Zahlung ertheilt sein, aufgehoben sind.

Zu 4. Endlich auf die Frage, ob den Inhabern der Verleihungen eine Entschädigung gebühre und ob in diesem Falle die Entschädigung in einer Waldabtretung bestehen müsse, wird bemerkt, daß in Betreff der Holzberechtigten, welche unentgeldlich den Genuß haben, keine Entschädigung statthaben kann, und daß in Betreff Derjenigen, welche eine Gebühr als Preis des ihnen abgegebenen Holzes entrichten, diese so unbedeutend und so weit unter dem Handelspreis des Holzes ist, daß sie von dem daraus sich ergebenden Ueberschusse nicht allein die Kosten der von ihnen errichteten Werke bestreiten, sondern auch noch außerdem beträchtlichen Vortheil machen können; daß übrigens der Gesetzentwurf, durch die ihnen darin zugestandene Genußverlängerung, eine hinreichende Entschädigung gewähre. Man fügte dem hinzu, daß, sofern ihnen eine Entschädigung zukomme, man sie nicht wie Waldnutzungsberechtigte behandeln und zu einer Waldabtretung zulassen könne, weil ihre Rechte in gar keinem Vergleich mit den Nutzungsrechten kommen, und daß es den Zweck der Verleihung verfehlen würde, wenn man ihnen einen Waldtheil ab-

zeitigen Verleihungen von den in Frankreich bezüglich der Staatsgüter bestehenden Veräußerungsverboten, insbesondere von dem die Veräußerung der Nutzungen der Domänen untersagenden Edict von 1566 und dem jede Bewilligung von Brennholz für die Zukunft verbietenden Art. 11, Tit. 20 der Ordonnanz von 1669 nicht betroffen wurden.

träte, der ihnen das Holz, dessen sie benöthigt sind, nicht liefern könnte.

Ein abermals veränderter vierter Gesetzentwurf wurde der Landesvertretung vorgelegt, welches nach langen Berathungen in ihrem Ausschusse und in ihrer Gesammtheit endlich das Gesetz in der Fassung annahm, wie es jetzt Geltung hat und im Anhange mitgetheilt ist.

Zu dem letzten Entwurfe der Regierung ist noch zu bemerken, daß der Art. 58 den Holzberechtigten, deren Bewilligungen den bestehenden Gesetzen und Verordnungen zuwider wären, eine Genußverlängerung von 10 Jahren zugestand; daß ihnen zwar darin auch die Befugniß ertheilt wurde, sich an die Gerichte zu wenden, jedoch mit der Androhung, daß diejenigen, welche diesen Weg einschlagen würden, der Genußverlängerung verlustig wären. Letztere Bestimmung hatte ein gütliches Verfahren in Absicht und sollte Rechtsstreitigkeiten verhüten, die der Regierung unangenehm und den Holzberechtigten nachtheilig sein konnten.

Der Ausschuß des Volkshauses ließ in dem Art. 58 die 10jährige Genuß-Verlängerung bestehen, beseitigte jedoch den Vorbehalt, unter welchem diese Verlängerung zugestanden war.

Viele Einwendungen, welche man dagegen erhob, gingen darauf hinaus, daß der Holzberechtigte, trotz der Mangelhaftigkeit seiner Urkunde, trotz des Rechtsstreites, in welche er die Regierung verwickele, ja trotz der Urtheile, welche seine Ansprüche als unbegründet erklärt hätten, während 10 Jahre seine vermeintlichen Rechte genösse, und daß man somit eine von den Gerichten als nichtig erkannte Urkunde noch ferner gegen die Partei, welche dieselbe angegriffen, vollzogen sähe. Man fügte hinzu, daß durch diese Verbesserung den Holzberechtigten ein Preis zum Rechtsstreit ertheilt würde.

Die Ausführungs-Verordnung v. 1. VIII. 1827 enthält in den Art. 109. 110 u. 111 Bestimmungen über die Art, wie die Bewilligungen an die Holzberechtigten gehandhabt werden sollen.

Art. 58 des Gesetzes verordnet, daß die Holzbewilligungen in den Staatswaldungen bis zum Ablauf der in den Verleihungsurkunden festgesetzten Frist weiter ausgeführt werden, wenn sich dieselben nicht über den 1. IX. 1837 hinaus erstrecken; daß diejenigen, welche gegen die in den Gesetzen enthaltenen Verbote gemacht sind, sei es auf ewige Zeiten, ohne Angabe einer Frist, oder auf längere Zeit als bis zum 1. IX. 1837, mit diesem Tage ihre Wirksamkeit verlieren; daß jedoch die Inhaber solcher Verleihungen sich an die Gerichte wenden können.

Dieser Artikel hat alle Inhaber solcher Verleihungen, welche eine Fortdauer ihres Rechtes über das Jahr 1837 hinaus beanspruchen, ohne Unterschied verpflichtet, binnen Jahresfrist Klage einzulegen und vor Gericht den Nachweis zu führen, daß ihre Verleihungstitel von den vorerwähnten Veräußerungsverboten nicht betroffen werden. In solchen Fällen bestimmt Art. 218 d. F. G. B. ausdrücklich, daß die erworbenen Rechte nach den Gesetzen und Beschlüssen unter denen sie aufgekommen sind, beurtheilt werden sollen.[1]

[1] 1) Verleihungen (unwiderrufliche) von Holzabgaben in den Staatswäldern gelten als wirkliche Veräußerungen des Staatsguts, verboten unter der alten Gesetzgebung, und fallen folglich unter die Anwendung des Art. 58, welcher die Dauer auf den 1. September 1837 beschränkt. Montpellier 13. I. 1836.

2) Ebenso sollen die Verleihungen, welche in den Forsten der Krone in Lothringen, für den Unterhalt gewerblicher Anstalten gemacht sind, als eine Veräußerung der Domänen angesehen werden, weil verboten in dieser Provinz, und der Anwendung des Art. 58 unterworfen. Cass. 22. XI. 1836 13. V. 1837.

3) Selbst wenn diese Verleihungen zum Unterhalt gewerblicher Anstalten und gegen eine Abgabe bewilligt worden wären. Cass. 8. II. 1836. Proudhon-Curasson. II. 413.

4) Eine Verleihung mit dem Rechte Hölzer in einem Walde zu hauen, der zu den Staatsgütern in Lothringen gehörte, bewilligt durch den König von Frankreich nach der Vereinigung dieses Landes mit Frankreich, ist durch die französischen Gesetze betroffen, welche die Veräußerung der Staatsgüter verbieten, selbst wenn die Bewilligung von den Herzögen Lothringens herrührte, und unter der Gewalt der Gesetze, welche ihnen die Veräußerung der Staatsgüter erlaubte. In diesem Falle ist bei solchen Bewilligungen die Verfügung des Art. 58 anwendbar. Cass. 7. V. 1834.

5) Die Holzbewilligungen in den Wäldern der alten Grafschaft Dagsburg (Elsaß), vor der Vereinigung dieser Wälder nicht zu den Staatsgütern gehörend, konnten als immerwährend und unwiderruflich durch die Herren dieser Grafschaft verliehen werden. Das Vorhandensein einer solchen Bewilligung konnte in Abwesenheit des

Art. 59 will, daß die für den Betrieb einer Eisenhütte oder eines sonstigen Werks ertheilten Holzbewilligungen völlig erlöschen sollen, wenn das Werk während zweier aufeinander folgender Jahre still steht.

---

das Recht begründenden und ursprünglichen Titels, hervorgehen: durch eine Verfassungs-Urkunde oder eine Forst-Ordnung, womit der Herr der Grafschaft, indem er die Art der Nutznießung regelte, die beständige Fortdauer der Bewilligung anerkannte. Cass. 13. II. 1841.

6) Der Art. 2 des Gesetzes vom 19. III. 1803, welcher die Nutzungsrechte in den Staatsforsten beibehalten hat, wie auch durch den königlichen Rath anerkannt, ist nicht auf die Holzbewilligungen in denselben Wäldern anwendbar; diese Holzbewilligungen können kraft des Art. 58 als aufgehoben erklärt werden. Cass. 8. II. 1836.

7) Die Bewilligung einer jährlichen Holzabgabe, welche Reiserholz in Derbholz umwandelt, bestellt eine wirkliche Zuwendung, durch die alten Gesetze über die Unveräußerlichkeit der Staatsgüter verboten. Es ist anders hinsichtlich einer einfachen Bewilligung von Bauholz und der Weiderechte. Cass. 4. VIII. 1835.

8) Der Art. 58 bezieht sich auch auf eine Bewilligung, welche ein Recht auf dürres und todtes Holz in ein Recht zu einer bestimmten Quantität grünem Holz umwandelt. Diese Umwandlung hat nur ihre Wirkung bis den 1. September 1837 behalten, unbeschadet des Anspruches auf die ursprüngliche Bewilligung. Cass. 10. III. 1835.

9) Eine Holzanweisung in einem Staatswalde, durch Bezirksrathsbeschluß an Einwohner eines Dorfes gewährt, um als Ersatz für das ihnen in diesem Walde gehörende Nutzungsrecht zu dienen, soll, selbst wenn diese Anweisung den Charakter einer wirklichen Zuwendung hätte, als auf einen gültigen Titel gegründet, geachtet werden, und ist als solche in Schutz gegen jeden Angriff. Cass. 22. XII. 1835.

10) Die Verfügung des Art. 58 erstreckt sich auch nicht auf die durch einen gesetzgebenden Akt bestätigten Bewilligungen, herbeigeführt unter der Kraft des Gesetzes vom 1. December 1790, welches den Grundsatz der Unveräußerlichkeit der Staatsgüter abgeschafft hatte. Cass. 26. XII. 1836.

11) Ebenfalls stehen die Holzbewilligungen, wenn sie sich durch eine gesetzliche Ausnahme beschützt finden, in dem Ansehen einer abgeurtheilten Sache. Cass. 31. V. 1837.

12) Die Bewilligung einer bestimmten Quantität Brennholz in den Staats-Wäldern, welche auf einen lästigen Titel und als Verkaufspreis oder Austausch von Gütern vor der Ordonnanz von 1669 gemacht ist, kann Kraft dieser Ordonnanz beibehalten werden (Tit. 20, Art. 2); es hatte hier keine Veräußerung der Staatsgüter im Sinne der verbietenden Gesetze stattgefunden. Cass. 24. I. 1837.

Die höhere Gewalt, durch welche der Fortgang einer gewerblichen Anlage gehemmt wird, soll sofort durch Protokoll der Forstbeamten oder von öffentlichen Beamten, welche ihren Akten einen glaubwürdigen Charakter zu geben die Eigenschaft haben, bestätigt werden. Diese Bestätigung kann nicht durch Zeugenbeweis ersetzt werden.[1]

Art. 60 verbietet, in Zukunft Holz in den Staatswaldungen auf vorstehende Weise zu bewilligen.

---

13) Die Inhaber der Verleihungen in den Staatswäldern können unter keinem Vorwand, in Abwesenheit eines Titels ihre fortdauernden und unwiderruflichen Rechte beweisend, nach dem 1. September 1837 in ihrem Besitze beibehalten bleiben. Cass. 29. IV. 1835.

14) Die fürstlichen Bewilligungen waren ehemals nur in den Provinzen Lothringen und Elsaß im Gebrauch; die Verfügung des Art. 58 legte den Inhabern der Verleihungen die Verbindlichkeit auf, ihre Sache innerhalb eines Jahres vor die Gerichte zu bringen um die Giltigkeit ihrer Verleihung anerkennen zu lassen. Dasselbe kann gegen die Inhaber der Verleihungen in anderen Provinzen von Frankreich nicht angewendet werden. Cass. 24. I. 1837.

15) Die Hauptregel, welche den Nutznießern nicht gestattet in den Staatswäldern hochstämmiges Holz zu hauen, erstreckt sich nicht auf gewerbliche Anstalten (namentlich Glashütten), welche unter dem Versprechen von hochstämmigem Holz gemacht worden sind, im Falle besondere Bewilligung der Nutznießung stattgefunden. Cass. 2. VIII. 1825.

16) Der Vertrag durch welchen einerseits ein Privatmann sich verpflichtet, jedes Jahr gegen eine jährliche Abgabe eine gewisse Quantität Holz in den Wäldern einer Abtei zu empfangen, und andererseits diese Abtei sich verpflichtet hat die bestimmte Quantität Holz abzugeben, bildet einen bedingenden und unwiderruflichen Vertrag, welcher beide Partieen bindet, selbst noch wenn es in dem Akt gesagt ist, daß die Abgabe nur bezahlt wird, so lange die Holzlieferung stattfindet. Die Abtei (oder der Staat) wäre nicht im Stande begründete Einwendungen gegen diese letzte Clausel zu erheben, um zu behaupten, daß sie nach freiem Willen die Lieferungen aufheben und den Vertrag lösen kann. Cass. 14. XI. 1833.

17) Eine Holzschlagbewilligung in den Wäldern lastet auf jedem Theil dieser Wälder, so daß wenn durch die Wirkung eines Traktates mit fremden Mächten, ein Theil dieser Wälder vom Boden von Frankreich losgetrennt würde, die Bewilligung im Ganzen auf den Theilen fortlastet, welche Frankreich geblieben sind. Diese Bewilligung soll nicht verhältnißmäßig beschränkt werden; sie hat keine andere Schranken als die Unmöglichkeit die Quantität Holz zu liefern. Cass. 14. XI. 1833.

[1] Meaume 268.

Den Verwaltungsbehörden kann auch die Entscheidung über Rechte der hier in Rede stehenden Art aus dem Grunde nicht zugestanden werden, weil ihnen durch den Art. 60, der das Verbot der Verordnung von 1669 wiederholt, die Disposition über derartige Rechte entzogen ist.[1]

Art. 109 der Ausführungsverordnung stützt sich auf die Verordnungen von 1080. 1515. 1529. 1540. 1583 u. 4. IX. 1601, auf die Beschlüsse des Cassationshofs v. 19. X. 1804, 3. IX. 1808 u. 10. IX. 1824 2c., worin vorgeschrieben ist, daß die Holzberechtigten das Holz, worauf sie Anspruch haben, nicht eher abführen dürfen, bis es ihnen angewiesen und übergeben worden ist.

Art. 79 des Forstgesetzbuchs bestätigt diesen Grundsatz und verweist für die Strafen, welche im Zuwiderhandlungsfalle auszusprechen sind, auf Tit. 12.

Die Verordnungen vom 7. XII. 1537, 18. I. 1538, 3. II. 1539, 7. III. 1549, 14. u. 25. VI. 1602, 20. VII. 1756 und mehrere Beschlüsse des Cassationshofes v. 1808. 1821 2c. hatten vorgeschrieben, daß die Holzberechtigten hinsichtlich des Fällens und der Räumung der Schläge alle Verbindlichkeiten erfüllen sollten, welche den Steigerern aufzuerlegen sind. Dieser Grundsatz ist in Art. 32 des Gesetzbuchs beibehalten und durch Art. 109 der Ausführungs-Verordnung auf die Theilhaber am Bürgerholz anwendbar gemacht worden, weil hinsichtlich der Holzberechtigungen sowohl, als der Inhaber von Holzverleihungen immer dieselben Regeln befolgt sind.

Die Bestimmung des Art. 110 der Ausführungs-Verordnung, welche vorschreibt, daß die Abgabe des in Raummetern zu verabfolgenden Holzes den Steigerern der Schläge als Verbindlichkeit auferlegt werden soll, ist dem Willen mehrerer Verordnungen, namentlich der von 1540 gemäß.

Wenn wir jetzt nach 50jährigem Bestehen des Forstgesetzbuchs den Standpunkt der Verhältnisse in Betracht ziehen, so bemerken wir keinen erfreulichen Fortschritt. Einzelne Private sind durch Waldabtretung bereichert, damit vormalige schöne geschlossene Waldungen zerstückelt

[1] Entsch. d. A. G. Colmar v. 7. V. 1877.

und durch die Schacherei und Schlachterei verwüstet; aber nirgend finden wir eine Spur von segensreicher Wirksamkeit der gesetzlichen Bestimmungen. Der Grund dieses Uebelstandes liegt zu Tage; er wurde schon, wie wir oben gesehen haben, bei Berathung des Gesetzes von der Staatsverwaltung und der Landesvertretung erkannt und besteht darin, daß die Staatsverwaltung in eine Fluth von Rechtsstreitigkeiten verwickelt wurde, aus der sie sich, trotz der vielen ungerechten Ansprüche, nicht zu entwinden vermochte, und daß die Befreiung der Bewilligungen durch Abtretung eines Waldtheiles sich als ein Unheil für das gemeine Wohl erwies. Unter solchen Umständen war die Staatsverwaltung gezwungen, ganz behutsam zu Werke zu gehen, und wir können uns daher nicht wundern, daß jetzt in manchen Gegenden der Standpunkt der Verhältnisse unverändert wie vor dem Jahre 1827 liegt. Besonders arg sind noch die Holzbewilligungen in den Walscheider- und Dachsburger-Waldungen. Aus den letzteren bezieht z. B. jede selbstständige Haushaltung im Dachsburger-Banne ꝛc. außer Raff- und Leseholz, Bau- und Brennholz, 8 Stämme und sämmtliches Windfallholz, obendrein die Holzarbeiter Nutzholz nach Bedarf gegen Zahlung eines Anschlagpreises und die Besitzer von 9 Erbstands-Sägemühlen für jede 82 bezw. 54 Stämme gegen Zahlung der Hälfte des alljährlich festzustellenden Handelswerthes. Nachdem dort lange Jahre ein noli me tangere schwebte, sucht jetzt die Forstverwaltung durch Ankauf von Nutzungs-Antheilen sich in das gefürchtete Lager einzunisten. Die Zeit ist aber nicht abzusehen, wann auf diesem Wege ohne große Opfer geordnete Zustände hergestellt werden. Jedenfalls stehen dem Staate noch andere Mittel und Wege zu Gebote, die Sache schneller zu betreiben, und auf diese werden wir später zurückkommen.

Von den Nutzungsrechten in den Staatswaldungen.

In dem Vorhergehenden ist bereits erläutert, daß die Nutzungsrechte in den Staatswaldungen theils sich aus der alten Markverfassung ableiten, theils und insbesondere von den vormaligen Gebietsherren eingeräumt sind. Den Franzosen war die altdeutsche Markverfassung unliebsam und es ist daher erklärlich, daß unter ihrer Herrschaft derselben ein abweichendes Gepräge aufgedrückt wurde.

Eine Verfolgung aller Unterschiede zwischen französischen und deutschen Zuständen würde hier zu weit führen; wir beschränken uns deßhalb auf die Thatsache, daß in Frankreich, trotz Aufhebung der Leibeigenschaft, alle Nutzungsrechte aus lehnrechtlichem Gesichtspunkte betrachtet wurden. So war wenigstens die Anschauung im Großen und Ganzen auf dem gesetzgeberischen Gebiete, während im Rechtswege die heimischen Verhältnisse Beachtung fanden und Streitigkeiten in Ermangelung von Erwerbstitel nach Herkommen und Gebrauch geschlichtet wurden. Viele in der Feudalzeit entstandenen Nutzungsrechte weisen aber auch auf so sehr alte Rechtsverhältnisse zurück, daß sie mit den aus der Markverfassung abzuleitenden Nutzungsrechten häufig gleiche Eigenthümlichkeiten haben, in ungetheilten Waldungen durch den Lauf der Zeiten sogar völlig damit verschmolzen sind, und demnach in den Ansprüchen ohne besondere Nachweise keine Unterscheidung zu machen ist.

Die Ausübung der Nutzungsrechte in den Staatswaldungen ist durch die Artikel **61 bis 85** des Forstgesetzbuchs bestimmt.

Der **Artikel 61** hat vor seiner Annahme zu vielen Bemerkungen Anlaß gegeben, wobei vorzugsweise die Grundsätze der alten französischen Gesetzgebung leitend gewesen sind. Es muß dabei hervorgehoben werden, daß die alte französische Gesetzgebung für Elsaß-Lothringen überhaupt nicht maßgebend ist, namentlich nicht auf diejenigen Theile und Theilchen, welche noch bis zum Jahre 1789 ihre innere Verwaltung selbstständig besaßen.

Die Nutzungsrechte waren vormals, vom französischen Standpunkte aus, als vom Fürsten nach Willkür beschränkbar angesehen, und zwar auf Grund der Verordnungen von 1376. 1388. 1402. 1515 und 1583, welche eine Untersuchung der Verleihungs-Urkunden anordneten, um die nicht rechtsbegründeten Nutzungsrechte aufzuheben, beziehungsweise dieselben nach dem Ertragsvermögen der Waldungen zu beschränken. Art. 1 Tit. 20 der Verordnung von 1669 führte sogar den Grundsatz ein, daß die Nutzungsrechte aufgehoben werden konnten, und zwar die gegen Bezahlung ertheilten mit Entschädigung und die unentgeldlich zugestandenen ohne Entschädigung. Dieselbe Verordnung wollte zugleich die Nutzungsrechte jeder Art feststellen, weßhalb die Wiederdurchsicht der Urkunden vorgeschrieben wurde. Der Staatsrath hat darauf in den Jahren 1673. 1674 und 1675 ein Verzeichniß der Waldberechtigten mit Ausdehnung ihrer Nutzungsrechte aufgenommen.

Da die Staatsgüter in Folge von Einziehungen durch neues Waldeigenthum vermehrt wurden, so mußte man auch die darauf lastenden Nutzungsrechte feststellen. Das Gesetz v. 19. III. 1803 gestattet zu dem Ende 6 Monate für die Beibringung der Urkunden, und entband davon diejenigen, welche bezüglich der zum alten Staats-Eigenthum gehörenden Waldungen auf den im Staatsrathe festgesetzten Verzeichnisse standen. Das Gesetz v. 5. III. 1804 verlängerte diese Frist um 6 fernere Monate.

Die Regierung war nicht streng gegen diejenigen verfahren, welche ihre Urkunden trotz der bestimmten Fristen nicht beigebracht hatten, und man fand sich daher nach 23 Jahren genöthigt, dem ein Ziel zu setzen. In dieser Absicht war den Staatsbehörden ein Gesetzentwurf mitgetheilt, wonach keiner ein Nutzungsrecht ausüben dürfe, welcher nicht am Tage der Bekanntmachung des Gesetzes im Besitze einer von der Verwaltung anerkannten Urkunde war. Dieses veranlaßte mehrere Bezirksräthe und 13 höhere Gerichtshöfe zu bemerken: daß man nicht unbedingt diejenigen vom Nutzungsrechte ausschließen könne, deren Urkunden nicht im Augenblick der Bekanntmachung des Gesetzes als giltig anerkannt wären; daß es im Sinne des Gesetzes v. 19. III. 1803 Berechtigte gebe, welche ihre Nutzungsrechte durch Besitz in den nachträglich zum Staatsgut eingezogenen Waldungen hätten erwerben können; daß seit dieser Zeit die Berechtigten in Rechtsstreit mit der Regierung sein könnten; daß es noch andere Berechtigte gebe, deren Urkunden ebenfalls bestritten würden; daß es aber ungerecht wäre, diese durch die bloße Bekanntmachung des Gesetzes ihrer Rechte zu berauben; daß man endlich nicht begreife, warum man der Forstverwaltung die ungeheure Gewalt ertheilen wolle, in ihrer eigenen Sache Richter zu sein.

Andererseits wurde bemerkt, daß nach Art. 636 des bürg. Gesetzbuchs der Waldgenuß durch besondere Gesetze geordnet werden solle und daß demnach alles, was diesen Genuß betreffe, durch das vorliegende Gesetz zu ordnen sei.

Erläutert wurde, daß das in dem fraglichen Artikel gebrauchte Wort „Verwaltung“ die Bezirksräthe bezeichnen solle, da diese bereits über eine sehr große Anzahl Nutzungsrechte zufolge des Gesetzes v. 19. III. 1803, wonach die zu untersuchende Behörde freigestellt bleibe, ihr Urtheil gesprochen hätten.

Schließlich kam noch in Erwägung, daß die Gesetze v. 19. III. 1803 und 27. II. 1804 nacheinander nur 6 Monate für die Beibringung der Urkunden oder Besitz-Akten denjenigen zugestanden hatten, welche auf Nutzungsrechte Anspruch machten, und daß man durch Ausschließung derer, welche dem nicht nachgekommen wären, bloß einen schon lange erworbenen Rechtsverlust bestätige.

Hiernach hatte die Regierung den Entwurf in nachstehender Fassung der Landesvertretung vorgelegt:

„Nur diejenigen können ein Nutzungsrecht in den Staatswaldungen ausüben, deren Rechte am Tage der Verkündigung des gegenwärtigen Gesetzes als begründet anerkannt sind, es sei durch Erklärung der Regierung oder durch rechtskräftige Urtheile, oder künftig als begründet anerkannt werden in Folge von Verhandlungen, welche zur Zeit vor den Verwaltungsbehörden oder den Gerichten obschweben und in Gemäßheit der Bestimmungen der Verordnung von 1669 und der Gesetze vom 19. III. 1803 und 5. III. 1804 zu entscheiden sind.“

Der Regierungsbevollmächtigte erklärte dem Volkshause, daß der in diesem Artikel enthaltene Vorschlag den Zweck habe, rechtskräftige Urtheile und erworbene Rechte zu erhalten und anhängige Streitsachen nach Vorschrift der Verordnung von 1669 und der Gesetze von 1803 u. 1804 zu entscheiden.

Der Ausschuß des Volkshauses hat dagegen vorgeschlagen, die letzte Bestimmung des Artikels wegzulassen und den Berechtigten eine neue Frist von 2 Jahren zu geben, um bei den Gerichten einzukommen. Dieser Vorschlag wurde angenommen. Obgleich nun die Bestimmung des Entwurfs, daß die Streitsache nach Vorschrift der Verordnung von 1669 entschieden werden solle, in Wegfall gekommen ist, so bleibt doch der Grundsatz in Kraft, welcher sogar durch Art. 218 des Forstgesetzbuchs besonderen Ausdruck gefunden hat. Dies hat der Ausschuß in seinem Berichte selbst anerkannt, und die Weglassung, welche er vorschlug, bezog sich nur auf die Gesetze von 1803 u. 1804, die Rechtsverluste betreffend.

Für Elsaß-Lothringen ist besonders der Art. 218 des Forstgesetzbuchs von Wichtigkeit, der will, daß die erworbenen Rechte nach den Gesetzen, Verordnungen, Ausschreiben und Bekanntmachungen, Staatsrathsbeschlüssen, Beschlüssen, Verfügungen und Ordnungen, unter denen sie aufgekommen sind, beurtheilt werden.

Bei der Verhandlung im Volkshause stellte ein Mitglied den Antrag statt der Worte: „vom Tage der Verkündigung dieses Gesetzes an zu rechnen" zu setzen: „vom Tage an zu rechnen, wo die Verwaltung etwaige Rechte anzuerkennen verweigert haben wird". Derselbe begründete dieses damit, daß derjenige, welcher in Besitz ist, niemals verbunden sein kann, Kläger zu werden. Allein auf die Bemerkung des Regierungsbevollmächtigten wurde dieser Antrag verworfen.

Demgemäß bestätigen die im Artikel enthaltenen Bestimmungen alle Aufhebungen von Rechtsverlusten, erkennen als rechtskräftige Urtheile die von der Regierung gutgeheißenen Entscheidungen der Bezirksräthe an, sprechen von Rechtsverlusten alle Nutzungsberechtigte frei, welche bei der Verwaltung oder den Gerichten in Streit stehen, und gestatten, um bei den Gerichten das Verfahren einzuleiten, eine neue Frist von 2 Jahren denjenigen, welche, ohne in Streit zu stehen und ohne noch klagend eingekommen zu sein, sich im Genuß befinden.

Die Bezirksräthe hatten zwar keine Gewalt um über diese Streitsachen zu urtheilen; allein auch von nicht zuständigen Richtern gesprochene Urtheile werden rechtskräftig, wenn sie angenommen, wenn sie vollzogen wurden, oder wenn Besitz darauf gefolgt ist. Außer Zweifel ist, daß die Streitsachen, welche gegenwärtig über Nutzungsrechte vor den Verwaltungsbehörden anhängig sind, durch dieselben an die Gerichte verwiesen werden müssen, welche in Eigenthumssachen allein Recht zu sprechen haben; aber angebracht wird es jedenfalls sein auf die Beweise zu achten, wodurch rechtsgültig sich herausstellt, daß die Berechtigten, welche thatsächlich nicht im Genusse sind, früher bei der Verwaltungs-Behörde Streit geführt hatten, da anderenfalls sogar die, welche nicht im Genusse sind, das Mittel in die Hand erhalten, ihre Klage unendlich auszudehnen.

Der Art. 218, welcher bestimmt, daß die alten Rechte nach den vormals bestehenden Gesetzen, Verordnungen 2c. beurtheilt werden sollen, gibt ausdrücklich eine Gewähr, daß die alten Vorschriften auf Holzbewilligungen und Nutzungsrechte maßgebend bleiben, daß sie der nothwendige und einzige Leitfaden der Gerichte sein sollen, selbst für die Streitigkeiten, wozu später diese Bewilligungen und Rechte Anlaß geben können. Dem Grundsatz getreu, daß die Gesetze keine rückwirkende Kraft haben, mußten von selbst die alten Vorschriften für die Vergangenheit ihre ganze Wirkung behalten und konnten nur für die Zukunft erlöschen; man hat jedoch deutlich sein wollen und deßhalb dem Art. 218 diese Bestimmung ausdrücklich beigefügt.[1]

---

[1] Charakter der Nutzungsrechte in den Gehölzen und Wäldern. — Wie das Dasein von Nutzungsrechten eingesetzt sein kann.

1) Das Nutzungsrecht in den Wäldern begründet eine Dienstbarkeit und nicht ein Miteigenthumsrecht. Cass. 6. III. 1817. Meaume I. 270. Proudhon I. 56.

2) Das Nutzungsrecht auf einen Wald zum Vortheil einer Gemeinde gegründet, ist weniger eine Dienstbarkeit als ein Miteigenthum. Staatsr. 6. IX. 1825.

3) Das Edikt vom April 1667 hat, indem es die Gemeinden in dem Besitz ihrer Nutznießung bestätigte, ihnen die Rechte vom Drittel der diesen Nutznießungen unterlegenen königl. Wäldern eingeräumt, aber dieses Nutzungsrecht der Gemeinden nicht in ein Eigenthum verwandelt und die Rechte der Domänen nicht angegriffen: Die Gemeinden sind Nutznießer geblieben. Cass. 12. XI. 1838.

4) Wenn ein Beschluß erkennt, daß eine Gemeinde nur Nutzungs-

Der **Art. 62** trifft die nützliche Maßregel, daß künftig Nutzungsrechte nicht mehr verliehen werden dürfen, um allem Andringen zuvorzukommen und um die Verwüstung der Waldungen zu verhindern. Sie war schon

---

rechte und Weidegänge besessen hat, können sie nicht in ein Eigenthum verwandelt werden ohne den Art. 8 des Gesetzes vom 28. August 1792 zu übertreten. Cass. 8. VIII. 1814.

5) Eine Urkunde, wonach ein fortdauerndes und immerwährendes Nutznießungsrecht in gewissen Theilen eines Waldes bewilligt ist, kann, durch Auslegung dieser Urkunde und der Ausführung, welche sie erhalten hat, dem Nutznießer nicht ein einfaches Nutznießungsrecht, sondern ein wirkliches Eigenthumsrecht zuerkennen. Cass. 18. VI. 1839.

6) Die Nutzungsrechte in den Wäldern können abgetreten werden; der Art. 631 d. B. G. B., welcher die Nutzungsrechte für unübertragbar erklärt, umfaßt nur die persönlichen Nutzungsrechte. Cass. 10. II. 1835. Meaume I. 283. Proudhon 183.

7) Die Nutzungsrechte in den Wäldern sollen angesehen werden als wären sie ursprünglich auf lästige Titel gegründet gewesen, sofern die Titel nicht das Gegentheil beweisen. Cass. 7. IV. 1840.

8) In der Beurtheilung der Titel, welche das Nutzungsrecht einer Gemeinde begründen, sind die Richter ermächtigt, den Titeln, welche am günstigsten für die Gemeinde sind, den Vorzug zu geben, laut Art. 22 des Gesetzes vom 28. August 1792. Cass. 18. V. 1825.

9. Beschlüsse des Bezirksraths, welche alte Nutzungsrechte zum Vortheil einer Gemeinde in einem Staatswalde anerkennen und die Behandlung des Waldes für die Ausübung dieser Rechte bestimmen, können als entscheidende und unwiderrufliche Rechte angesehen werden, wenn auch die Beschlüsse die Klausel enthalten, daß die Ausübung der Nutzungsrechte bis dahin stattfinden kann, daß es seiner Majestät gefalle anders zu befehlen. Diese Clausel kann nicht auf den Grund des Rechts selbst, sondern einzig auf die Art des Mißbrauchs erkennend sein. Cass. 22. XII. 1835. Meaume I. 310.

10) Die Gesetze vom 19. III. u. 9. IV. 1803, welche die Urtheile der Revision unterworfen haben, die den Gemeinden Nutzungsrechte in den Staatswäldern zuerkannten, sind nicht anwendbar bei den ergangenen Urtheilen zum Vortheil von Privaten. Cass. 11. II. 1808.

11) Das Gesetz vom 18. V. 1795, welches den Aufschub der Ausführung der Urtheile über die Wiedereinsetzung der Gemeinden in die (Wälder) Gehölze und dasjenige vom 9. IV. 1803, welches die Revision dieser Urtheile befohlen hat, sind anwendbar, nicht nur bei den ergangenen Urtheilen seit dem Gesetz vom 28. August 1792, welches die Gemeibe ermächtigte in der Frist von fünf Jahren vor Gericht die unrechtmäßigen Akten für nichtig erklären zu lassen, sondern auch gegen ergangene Urtheile vor diesem Gesetz, Kraft des Gesetzes vom 15. März 1790, welches den Gemeinden die Wieder-

durch die Verordnung von 1669, Tit. 20, Art. 11 angeordnet, aber nicht befolgt.

Der **Art. 65** bestimmt, daß die Ausübung der Nutzungsrechte durch die Verwaltung nach Maßgabe des

---

einsetzung, später durch das Gesetz von 1792 geregelt, eröffnete. Cass. 25 II. 1840.

12) Das durch einige Einwohner einer Gemeinde erlangte Urtheil, welches zu ihren Gunsten ein Nutzungsrecht auf einen Staatswald zuerkannt hat, hat nicht Beurtheilungskraft zum Vortheil derjenigen Einwohner, welche nicht Theil daran genommen haben, wenn auch dieses Urtheil nicht auf einen besonderen Titel gegründet war, oder selbst das Recht der Gemeinde gehörte. Cass. 25. III. 1837.

13) Ein zuerkannter Urtheilsspruch, in welchem Nutzungsrechte auf einen Wald einbegriffen sind, kann, wenn er von dem Eigenthümer gebilligt und ausgeführt worden ist, als ein anerkennender Titel des Nutzungsrechts betrachtet werden, überhebend die Vorzeigung des ursprünglichen Titels, obgleich der Inhalt dieses Titels nicht darin angeführt ist. Cass. 2. III. 1836.

14) Obschon ein altes Urtheil die Rechte einer Gemeinde in einem Walde als Nutzungsrechte bezeichnet, kann diese Gemeinde jedoch später als Eigenthümerin dieses nämlichen Waldes anerkannt werden, ohne daß ein Verstoß gegen das Ansehen der abgeurtheilten Sache stattfinden würde, sofern die der Gemeinde durch das Urtheil und die ursprünglichen Titel anerkannten Rechte, auf welche sie sich stützt, in Wirklichkeit Eigenthumsrechte sind. Cass. 21. XII. 1847.

Wohnungen, mit welchen die Nutzungsrechte verbunden sind. — Ihre Ausdehnung auf die Zahl der Berechtigten. — Ausübung der Nutznießungsrechte. — Verbindlichkeit der Nutznießer.

15) Ueberhaupt ist das Nutzungsrecht an das Eigenthum der Hauptwohnung gebunden, und wenn man sagen kann, daß es auch an das Zugehör der Wohnung gebunden ist, ist es nur so lange als dasselbe im Zusammenhang mit der Wohnung steht, dergestalt, daß wenn es davon losgetrennt werden würde, überhaupt das ganze Nutzungsrecht der Hauptwohnung folgt. Bourges 30. XI. 1830.

16) Die Vortheile eines Nutzungsrechts können nicht von einem Orte an einen andern übertragen werden. Folglich wenn der Nutznießer sein Wohnhaus verlassen hat um seinen Wohnsitz an einen andern Ort zu übertragen, für welchen das Nutzungsrecht nicht besteht, so kann er nicht das ihm bisher gebührende Holz an den Ort seiner neuen Wohnung abführen. Proudhon I. 181.

17) Aber der Nutznießer, welcher bald in der Stadt bald auf dem Lande wohnt, wo er ein Haus besitzt, durch welches er ein Brennholzrecht in einem nahen Walde hat, kann, nachdem er das Brennholz, welches für sein Landhaus bestimmt ist, erhoben hat, einen Theil in sein Haus in der Stadt abführen lassen, wenn er die Wintermonate dort zubringen will. Proudhon I. 182.

18) Wenn ein Nutzungsrecht einer Gemeinde gehört und wenn

Zustandes und der Zulänglichkeit des Waldes beschränkt werden kann und daß im Falle eines Streites der Bezirksrath darüber entscheidet.

Mehrere Gerichtshöfe haben die Bemerkung gemacht,

---

ein Einwohner dieser Gemeinde ein Haus auf ein nahes Gebiet um seine Wohnung darin festzusetzen, bauen will, so verliert er jeden Antheil am Nutzungsrecht, welches er vorher genoß, selbst wenn er den Anbau des Bodens, welchen er auf dem Gebiete der Gemeinde, außer welcher er seine Wohnung hat festsetzen wollen, behalten würde. Proudhon I. 187.

19) Man soll als nutzungsberechtigte Häuser in einer Gemeinde ansehen, nicht nur diejenigen, welche bestanden zur Zeit der Bewilligung des Nutzungsrechts, sondern auch alle diejenigen, welche 40 Jahre vor der Einspruchsklage des alt bestrittenen Rechts bestanden; oder welche seitdem wieder auf alte Fundamente gebaut worden sind. Rouen 16. VI. 1837.

20) Wenn es sich um ein Brennholzrecht oder um ein anderes Nutzungsrecht, welches einer Gemeinde in einem Walde bewilligt worden ist, handelt, so soll die Ausübung auf die einzelnen Häuser, welche zur Zeit der Bewilligung bestanden, oder derjenigen, welche sie ersetzt haben, beschränkt werden. — Jedoch in dem Falle, wo der Eigenthümer des Waldes die Ausübung der Waldrechte während einer hinlänglichen Zeit für die Verjährung vor der Abschaffung der Lehnsherrschaft geduldet hat, haben diese Häuser das Recht erworben, sich an der Ausübung des Nutzungsrechts zu betheiligen. Pardessus. serv. I. 234.

21. Das Nutzungsrecht in einem Walde, ehemals einer Gemeinde bewilligt, ohne daß der Bewilligungsakt sich über die Ausdehnung dieses Rechts ausspricht, soll auf die Einwohner oder auf ihre Nachfolger, welche in dem Dorfe am 4. August 1789 (Datum der Abschaffung der Lehnsherrschaft) gewohnt haben, beschränkt werden; es kann auf die später in das Dorf gekommenen Fremden nicht ausgedehnt werden. Nancy, 26. VI. 1828. 21. V. 1833. Metz, 7. III. 1837. Proudhon I. 134.

22) Es dehnte sich die von einem Lehnsherrn gemachte Bewilligung von Nutzungsrechten auf alle diejenigen aus, welche sich in der Herrschaft niederlassen würden. Cass. 24. II. 1848.

23) Die Bewilligung von Nutzungsrechten, welche für alle gegenwärtigen und zukünftigen Einwohner gegeben ist, spricht zu Gunsten aller Einwohner selbst Derjenigen, welche sich später in der Gemeinde niedergelassen haben, als das Gesetz über Abschaffung der Lehnsherrschaft verkündigt ist. Cass. 23. III. 1848

24) Ein Nutzungsrecht (von Bauholz) auf Gegenleistung bewilligt, gehört allen Häusern, welche bis zur Zeit des Gesetzes vom 4. August 1789 gebaut sind, ungeachtet der Aufhebung der Lehnsleistungen. — Aber es kann für die seitdem gebauten Häuser kein Anspruch gemacht werden, indem von dieser Zeit die alten Herren

daß die Beschränkung der Ausübung der Nutzungsrechte nach Maßgabe des Zustandes und der Zulänglichkeit des Waldes billig und den alten Beordnungen entsprechend sei;[1] daß aber der Gesetzgeber, da die Forstverwaltung

[1] V. v. 1583, Art. 10. V. v. 1669, Tit. 19, Art. 5; Tit. 20, Art. 5; diese Bestimmung stand auch im Einklange mit der ständigen Rechtspflege des vormaligen Raths und mit der des Cassationshofs.

---

sich der Errichtung neuer Häuser nicht haben widersetzen können, wie sie es vorher thun konnten, und indem die Eigenthümer dieser neuen Häuser nie Vergütung für die Bauholzrechte haben anbieten können. Nancy 26. VI. 1828.

25) Nichtsdestoweniger ist entschieden, daß die früher in einem herrschaftlichen Walde den Einwohnern einer Gemeinde bewilligten Nutzungsrechte auf die zur Zeit der Abschaffung der Lehnsherrschaft bestandenen Bevölkerung nicht eingeschränkt werden soll; es kann also durch alle in der Gemeinde befindlichen Einwohner, welches auch ihr Zuwachs sein mag, ausgeübt werden . . . ., selbst dann noch, wenn die Nutzungsrechte (oder ihre Gegenleistung) nicht lehnsrechtlich gewesen wären. Cass. 11. VII. 1839.

26) Das Recht, welches den Einwohnern einer Gemeinde Bauholz gewährt, ist nicht nothwendigerweise auf die Einwohner zur Zeit der Bewilligung oder auf ihre Nachfolger begrenzt; es kann auch auf diejenigen, welche sich später darin niederlassen, ausgedehnt werden. Alles hängt in dieser Hinsicht von der Urkunde der Bewilligung ab, deren Auslegung ausschließlich den zuständigen Richtern gehört. Cass. 1. II. 1837.

27) Das Recht, dürres und todtes Holz, ehemals gegen eine Leistung an gewisse Bürger als Brennholz gewährt, mit der Obliegenheit ein Dorf zu bauen, kann nicht nur diesen und ihren Erben allein, sondern allen Einwohnern des Dorfes, welches auch ihre Zahl ferner sein mag, als bewilligt angesehen werden. Cass. 10. III. 1835.

28) Wenn ein Nutzungsrecht in einem Wald einer Gemeinde bewilligt worden ist, und Eisenhütten oder andere gewerbliche Anstalten in dieser Gemeinde errichtet werden, so sollen die Haushaltungen der Arbeiter, welche an diese Anstalten gebunden sind, bei der Regelung des Nutzungs-Antheils nicht gezählt werden. Proudhon-Curasson III. 1011.

29) Das Nutzungsrecht in einem Walde, welches früher einer bestimmten Person gewährt ist, kann in der Folge (unbeschadet jeden anderen Vertrags) sich nicht auf alle Nachkommen dieser Person ausdehnen; diese sollen sich untereinander und der Art verstehen, daß die Last des Eigenthümers nicht erschwert wird. Bourges 3. VII. 1828.

30) Was die Ausübung der Nutzungsrechte für die Kinder und Nachkommen des Nutznießers betrifft, so gelten die Bestimmungen des Art. 628 d. B. G. B.

allein zum Richter darüber bestellt ist, dem Nutzungsberechtigten das Recht lassen solle, die Waldabtretung als eine Gewährleistung für seine Gerechtsame begehren zu dürfen, oder daß er ihm einräume Einspruch gegen die Entscheidungen der Forstverwaltung zu machen.

Niemals hatte man für Staatswaldungen den Nutzungsberechtigten gestattet, gegen die Erklärungen der Forstverwaltung Einwürfe zu machen; weil die Nutzungsrechte in diesen Waldungen als bloße Zugeständnisse betrachtet wurden, die der Alleinherrschaft frei stand nach Belieben zu widerrufen, und man nicht duldete, daß der Berechtigte sich in die Untersuchung der Beweggründe mische, welche die Forstverwaltung vermögen konnten, die Ausübung der Nutzungsrechte einzuschränken. Uebrigens konnten zur Zeit der Forstgerichte die Berechtigten ihre Einreden den Großmeistern oder dem Staatsrathe vortragen, welche darüber entschieden. Die Regierungs-Beschlüsse vom 26. IX. 1797. 7. I. 1805 u. 9. XI. 1805 verboten den Berechtigten, ihr Vieh anderswo als in den

---

31) Das Nutzungs- und Brennholzrecht in einem Wald ist nicht auf das Brennholz eingeschränkt; es ist auch das Recht für Holz zum Neubau und Reparaturen einbegriffen. Cass. 18. II. 1835.

32) Das Recht, Bauholz aus einem Walde (besonders in Elsaß) zu beziehen, kann nicht nur das Recht für Neubauten, sondern auch für Reparaturen an alten Gebäuden einschließen, wenn anders der Bewilligungstitel nicht das Gegentheil enthält. Cass. 1. II. 1837.

33) Wenn eine Gemeinde, welche ursprünglich ein veränderliches Nutzungsrecht nach der Zahl der Feuerstellen in einem Walde hatte, während 30 Jahren dieselbe feste Quantität Holz empfängt, ohne Rücksicht auf die Zu- oder Abnahme der Zahl der Einwohner, so wird ihr Recht unwiderruflich auf diese Quantität festgesetzt bleiben. Besançon 6. I. 1849.

34) Die Nutzungsrechte in den Wäldern sind Dienstbarkeiten, und als solche erlöschen und verjähren sie durch Nichtbenutzung von dreißig Jahren. Merlin IX. 1. Proudhon 597. Meaume I. 344.

35) Die Verfügungen der Ordonnanz von 1669, welche alle Brennholzrechte in den Staatswäldern unterdrückten, waren nur anwendbar auf Wälder, welche zu den Staatsgütern zur Zeit dieser Ordonnanz gehörten; sie waren nicht anwendbar auf Wälder, welche erst zeither dazu vereinigt worden sind. Gegen die Nutznießer, welche in den so vereinigten Wäldern ihre Rechte nicht ausgeübt oder vor Gericht zurückgefordert haben, hat die Verjährung stattgefunden. Cass. 28. VIII. 1834.

von der Forstverwaltung aufgegebenen Waldorten weiden zu lassen, ohne den Einspruch bei den Gerichten gegen die Erklärung der Forstverwaltung vorbehalten zu haben; die Berechtigten konnten sich aber an den Bezirkspräsidenten, oder an die Forstdirection, oder an den Minister wenden, und ihr Begehren wurde immer sorgfältig untersucht.

Einige Mitglieder des Volkshauses wünschten, daß der Einspruch bei den Gerichten erlaubt und die Ausübung der Nutzungsrechte nur in dem Falle eingeschränkt werden möge, wenn die Unmöglichkeit, dieselbe ganz zu gestatten, von der Forstverwaltung unter Zuziehung der Betheiligten erwiesen würde. Im Oberhause wurde die Bemerkung gemacht, daß der 65. Artikel im Entwurfe der Regierung der Verwaltung das Recht übertrage, allein den Zustand und die Zulänglichkeit der Waldungen zu bestimmen, und in der Ausübung der Nutzungsrechte die Einschränkungen zu machen, welche daraus folgen sollten; dabei sei es billig, auch die Möglichkeit eines Mißbrauchs vorauszusetzen, und über Einsprüche die Bezirksräthe entscheiden zu lassen. Dagegen wandte man ein, daß die Entscheidung der Streitigkeiten bezüglich der Zulänglichkeit der Waldungen offenbar nur darum den Bezirksräthen übertragen worden sei, weil man eine Eigenthumsfrage vorausgesetzt habe; daß aber alsdann die fraglichen Streitigkeiten nur vor die Gerichte zu verweisen wären; daß, da Art. 121 letzteren Weg hinsichtlich der Privatwaldungen den Berechtigten gestatte, eine gleiche Befugniß für die Berechtigten in den Staatswaldungen billig und nothwendig sei; daß die Waldungen verwüstet sein könnten ehe im Verwaltungswege ein Endurtheil erfolge; daß endlich, wenn Schadenersatz in Frage stehe, die Sache ohnehin vor Gericht betrieben werden müsse. Trotzdem ist Art. 65 in vorbezeichneter Fassung angenommen.

Der Art. 117 der Ausführungs-Verordnung schreibt vor, daß in den Fällen, welche in den Art. 65 und 67 aufgestellt sind, der Einspruch gegen die Entscheidung der Bezirksräthe eine aufschiebende Wirkung haben soll. Hierdurch wird der Streitfall zum gemeinen Rechte und in die Regel zurückgeführt, welche im Art. 457 des Gesetzbuchs über das bürgerliche Verfahren vorgezeichnet ist. Die aufschiebende Wirkung ist unbedingt, und die Bezirksräthe können unter keinerlei Vorwand die vorläufige Vollziehung ihrer Beschlüsse verordnen.

Hervorgehoben muß werden, daß man in das Forstgesetzbuch eine ähnliche Bestimmung aufnehmen wollte, wie die des Art. 5, Tit. 19 der Verordnung von 1669. Demnach enthielt der den Behörden mitgetheilte Entwurf einen Artikel, welcher bestimmte, daß die Nutzungsrechte der Gemeinden durch Besichtigungs- und Abzählungs-Verzeichnisse beurkundet und festgesetzt werden sollten und daß sie in Zukunft unter keinerlei Vorwand sich vermehren könnten. Dagegen wurde aber eingewandt, daß wenn das Nutzungsrecht auf Grund einer rechtsgiltigen Urkunde bestehe, diese Urkunde sowohl für den Waldeigenthümer, wie für den Berechtigten als Gesetz gelten sollte; daß man das Recht, so lästig es auch sein könne, achten müsse; daß wenn das Nutzungsrecht einer bestimmten Anzahl Einwohner verliehen worden sei, die Ausübung desselben auf diese Zahl beschränkt werden müsse; daß aber, wenn es einer ganzen Gemeinde gemeinschaftlich verliehen worden sei, man dessen Ausübung nicht unwiderruflich auf die jetzige Zahl der Einwohner beschränken könne; daß, wenn man die Nutzungsrechte einschränken wollte, dies der Volksvermehrung und der Nachzucht des Viehes hinderlich wäre; daß, wenn der Wald, auf welchem das Nutzungsrecht laste, solches nicht mehr tragen könne, die Regierung ihre Zuflucht zur Waldabtretung nehmen, oder das Nutzungsrecht auf einen andern Wald übertragen solle; daß es in jedem Falle sehr bedenklich wäre der Forstverwaltung allein die Befugniß zu überlassen, die Nutzungsrechte selbst einzuschränken.

Der Cassationshof machte den Vorschlag statt der Worte: „die Nutzungsrechte sich nicht mehr vermehren“, zu setzen: „nicht weiter ausgedehnt werden“. Dieses gab Anlaß zu der Untersuchung: 1) ob man durch das Gesetz nicht vorschreiben könne, daß die Nutzungsrechte unwiderruflich festgesetzt würden; 2) ob man nicht, wenn ein Wald die auf ihm lastende Dienstbarkeit nicht mehr tragen könne, das Nutzungsrecht auf einen andern Wald übertragen sollte.

Bei der ersten Frage liegt der Unterschied vor, daß das Nutzungsrecht entweder auf einem Walde des alten Staats-Eigenthums, oder auf einem solchen lastet, der mit dem Staatseigenthum vereinigt worden ist. Im ersten Falle hat man immer angenommen, daß die Nutzungsrechte festgesetzt und eingeschränkt werden können, wie die alten Forst-Verordnungen, insbesondere die von 1669 und vom 30. III. 1718 Beispiele liefern. Dazu kommt, daß das Gesetz v. 4. VIII. 1789 die Feudalität abschaffte und daß demgemäß die von einem früheren Gebietsherrn verliehenen Berechtigungen an alle diejenigen, welche sich in seiner Herrschaft ansiedeln würden, nur den Besitzern derjenigen Häuser zustehen, welche vor jenem Gesetze erbaut waren.[1] Im zweiten Falle, d. h. wenn von Nutzungsrechten in solchen Waldungen die Rede ist, die nach Aufhebung der geistlichen Ordenshäuser mit dem Staats-Eigenthume vereinigt worden sind, — kann man diese Rechte nicht unwiderruflich bestimmen, noch sich ihrer Vermehrung widersetzen, wenn sie mit dieser Vergünstigung zugestanden worden sind, oder wenn auch die Urkunde sich nicht über den Umfang der Rechte erklärt. In diesem Falle tritt die Verbindlichkeit in Kraft, sich nach den Urkunden und dem gemeinen Rechte zu richten.

Aber weder in dem einen noch in dem andern Falle kann ein Eigenthümer, wenn sein Eigenthum das darauf lastende Nutzungsrecht nicht mehr tragen kann, gehalten sein, dasselbe auf ein anderes Eigenthum zu übertragen. Die Forst-Verordnungen gestatten dieses nicht, sie wollen vielmehr, daß der Berechtigte sein Recht nach dem Zustande und der Zulänglichkeit des Waldes, auf dem es lastet, genieße.

Die Schwierigkeit, alle diese Gegenstände durch das Gesetzbuch zu bestimmen, hat bewogen, den Artikel der die Nutzungsrechte und deren Umfang ein für allemal feststellen sollte, wegzulassen.

Ein Oberforstmeister machte den Vorschlag, auf die-

---

[1] Entsch. d. Gerichtsh. von Nanzig v. 26. VI. 1828 u. 3. VIII. 1832; von Metz v. 7. III. 1837; von Aix v. 4. V. 1837; von Rouen v. 6. V. 1850 ꝛc.

jenigen, welche Nutzungsrechte in den Waldungen hätten, den Art. 635 des bürgerl. Gesetzbuchs anzuwenden, welcher vorschreibe, daß der Nutznießer nach Verhältniß seines Genusses die Kosten des Anbaues, die zur Unterhaltung erforderlichen Ausbesserungen und die Steuern zu tragen habe. Hierbei berief er sich darauf, daß die meisten Berechtigten es dahin gebracht hätten, sich der Entrichtung der ihnen auferlegten Gegenleistung zu entziehen, indem sie bei der Untersuchung ihrer Ansprüche nur solche Urkunden vorlegten, in welchen von diesen Gegenleistungen nichts erwähnt war; daß andere sich von den persönlichen Diensten und Natural-Leistungen befreit hielten, welche als zum Feudalwesen gehörend abgeschafft worden wären; daß es übrigens billig sei, daß derjenige, welcher Nutzen aus einer Sache ziehe, auch die Lasten davon trage. Dieser Vorschlag wurde nicht angenommen, weil schon die Königliche Verordnung v. 13. VII. 1825 entscheide, daß die Nutznießer in den Staatswaldungen in Hinsicht ihrer Nutzungsrechte der Grundsteuer nicht unterworfen werden könnten, wenn ihnen dieselbe nicht schon in der Urkunde über die Verleihung ihrer Nutzungsrechte auferlegt worden sei, und weil die Verordnung v. 6. IX. 1825 die besonderen Fragen, welche in dieser Hinsicht aufgeworfen werden könnten, vor die Gerichte verweise. Nach Erk. des Cassationsh. v. 20. II. 1845, 19. I. 1847, 4, XII. 1850. Erk. des Gerichtsh. z. Nanzig v. 29. XII. 1845 haben übrigens unter gewissen Verhältnissen die Berechtigten zu den Steuern und Schutzkosten, sowie zu den Grenzerhaltungskosten beizutragen. Ebenso sind laut Min. Entsch. v. 17. I. 1838. Circ. v. 13. III. 1838 Nr. 415 auf Grund des Gesetzes v. 21. V. 1836. Art. 14 die Berechtigten verpflichtet, zur Unterhaltung der durch die Forst führenden Nebenwege beizutragen, sowie überhaupt die Kosten der Arbeiten, die als Last auf die Berechtigungsschläge gelegt werden, zu leisten, wenn sie davon nicht ausdrücklich entbunden sind.

Art. 66 bestimmt die Dauer der Eichellese und der Eichelmast.

Das Gesetz hat keine Zeit für die Eröffnung der Eichelmast bestimmt, weil solches vom Reifwerden der Frucht abhängt. Art. 9 Tit. 18 der Verord. v. 1669 hatte die Dauer der Eichelmast vom 1. Oktober bis 1. Februar festgesetzt; da aber die eigentliche Mast nicht so lange währt und nachträglich die Schweine durch Aufwühlen des Bodens Schaden verursachen, so wurde die Dauer auf 3 Monate eingeschränkt.

Art. 67 verordnet, daß die Weide und Eichelmast nur in den als geöffnet erklärten Waldorten stattfinden darf.

Die Anrufung des Bezirksraths gab zu Wortstreit im Volkshause Veranlassung. Einige Mitglieder desselben hatten vorgeschlagen, dem Artikel die Bestimmung hinzuzufügen, welche den Berechtigten das Recht vorbehält, bei dem Bezirksrathe gegen die Erklärung der Forstverwaltung Einspruch zu erheben. Andererseits wurde hervorgehoben, daß es überflüssig sei, den schon in Art. 65 gemachten Zusatz zu wiederholen und daß die Behauptung nicht zutreffend sei, wonach ein Berechtigter im Zuwiderhandlungsfalle die Wirkungen der Verfolgung mit der Vorgabe aufhalten könne, er wolle bei dem Bezirksrathe einkommen, da die Erklärung der Forstverwaltung zuvor vollzogen werden müsse. Auch wurde der Zusatz gewünscht, daß die Erklärung der Forstverwaltung so lange vollzogen werden solle, bis eine bestimmte Entscheidung ergehe. Auf die Anfrage: ob man drei Gerichtsstufen, die der Forstverwaltung, des Bezirksraths und des Kaiserl. Raths, einführen wolle, wurde erklärt, daß das Recht der Berufung bei dem Kaiserl. Rath sich von selbst verstehe. Der Generalforstdirektor erklärt sich mit Nachdruck gegen den Vorschlag des Einspruchs bei dem Bezirksrath, hervorhebend, daß dieser Vorschlag darauf abziele, die Verwaltung des Forstwesens in die Hände der Bezirksräthe zu spielen, und diese zu Schiedsrichter über die Erfordernisse der Waldcultur zu stempeln. Er brachte in Erinnerung, wie zur Zeit der Forstgerichte die Erklärungen der Forstbeamten gemacht und wie seitdem die Einsprüche der Berechtigten behandelt worden seien. Gleichwohl wurde der Vorschlag angenommen.

Also können die Berechtigten bei den Bezirksräthen gegen die Erklärungen der Forstverwaltung Einspruch erheben. Da aber die Entscheidungen der Bezirksräthe durch

Berufung bei dem Kaiserl. Rath angefochten werden können und da nach Art. 117 der Ausführungsverordnung die Berufung eine aufschiebende Wirkung hat, so folgt daraus, daß die Erklärungen der Forstverwaltung so lange vollzogen werden sollen, bis eine unabänderliche Entscheidung erfolgt.

Die Ausübung der Weideberechtigungen muß innerhalb der durch das Bedürfniß der Cultur gegebenen Grenzen geschehen.[1]

Art. 68 ertheilt der Forstverwaltung die Befugniß, die Zahl des Viehes zu bestimmen, welches auf die Weide bezw. Mast getrieben werden darf.

Art. 5 Tit. 19 der Verordn. v. 1669 verfügte, daß die Zahl des Viehs von den Großmeistern mit Rücksicht auf den Zustand und die Zulänglichkeit des Waldes bestimmt werden solle. Man nahm auch Rücksicht auf die Größe der Haushaltungen, wenn die Zahl des Viehes nicht in den Urkunden angegeben war. Art. 68 in der ursprünglichen Fassung überließ der Forstverwaltung die Befugniß, die Zahl des Viehes nach nämlichen Grundlagen zu bestimmen; allein der Cassationshof beantragte, daß dieselbe nach den Rechten der Nutznießer bestimmt werde, und dieser Vorschlag wurde vom betr. Ausschusse angenommen.

Mehrere Gerichtshöfe beantragten, daß — wie in den vorhergehenden Artikeln — im Streitfalle Einspruch bei den Gerichten, oder bei den Bezirksräthen, oder bei den Bezirkspräsidenten durch Gesetz gestattet werden möge. Die Regierung glaubte aber diese Bestimmung nicht in den Entwurf aufnehmen zu müssen, weil dieselbe bei dem alten Zustand der Dinge durch nichts begründet werden könne und weil jedesmal die Verwaltung, wenn ihr gegründete Vorstellungen gemacht worden wären, diesen Recht hätte widerfahren lassen.

Da aber der Einspruch für die in den Art. 64. 65 und 67 aufgestellten Fälle eingeräumt worden ist, so ist er folgerecht auch in dem Falle eines Streites über die Bestimmung der Anzahl des Viehes gestattet.

---

[1] Entsch. d. Cassationsh. v. 10. V. 1843.

Ein Mitglied des Volkshauses machte die Bemerkung, daß Art. 68 nicht das Gericht angebe, welches im Streitfalle entscheiden solle, und daß man ungeachtet der Aehnlichkeit mit den vorhergehenden Fällen das gewöhnliche Gericht annehmen müsse, weil ausdrücklich gesagt sei, daß die Festsetzung nach den Urkunden gemacht werden solle, und das gewöhnliche Gericht allein über die Eigenthumsfragen zu entscheiden habe. Diese Bemerkung ist um so begründeter, da man schon vor der Erscheinung des Gesetzbuchs, wenigstens hinsichtlich der Privatwaldungen, zwischen der Befugniß der Forstverwaltung die aufzugebenden Waldorte zu bestimmen und dem Rechte die Zahl des Viehes festzusetzen, einen Unterschied machte. Die Verordn. v. 18. VI. 1823 und der Beschluß des Finanzministers v. 5. XI. 1823 haben entschieden, daß die Forstverwaltung zwar die Befugniß habe in den Privatwaldungen die aufzugebenden Waldorte zu bestimmen, daß sie aber nicht berechtigt sei die Anzahl des Viehes festzusetzen, welches in diesen Waldungen auf die Weide geschickt werden darf. Man hatte hierbei in Betracht gezogen, daß, da diese Festsetzung von den Urkunden abhängen könne, die Streitigkeiten vor die Gerichte verwiesen werden müßten. In Ansehung der Staatswaldungen war die Sachlage zwar anderer Art, da aber Art. 68 die neue Bestimmung einführt, daß selbst für diese Waldungen die Anzahl des Viehes nach den Urkunden festgesetzt werden soll, so muß der Einspruch über die Streitigkeiten, die sich in dieser Hinsicht erheben, bei den Gerichten gemacht werden, und zwar sowohl für die Waldungen, welche der Forstverwaltung unterworfen sind, als für die, welche Privatpersonen gehören.

Als der Entwurf zum Gesetzbuch von den Behörden geprüft wurde, beantragte ein Bezirkspräsident, daß das Gesetz die Grundlagen festsetzen möge, nach welchen die Zahl des Viehes, welches auf die Weide geschickt werden darf, unter die Einwohner vertheilt werden solle, nachdem die Gesammtzahl desselben schon bestimmt wäre. Derselbe war der Ansicht, daß die Grundsteuer die billigste Grundlage sei. Das Forstgesetz hat sich nicht mit diesem, wie überhaupt nicht mit besonderen Gegenständen befaßt, und man muß sich in dieser Hinsicht an das gemeine Recht halten.

Die meisten Rechtsgebräuche verboten, mehr Vieh auf die gemeinschaftliche Weide zu treiben als jeder Einwohner den Winter hindurch ernähren könne; andere bestimmten die Zahl desselben nach der Größe des Grundbesitzes. Das Gesetz v. 28. IX. 1791 hat in Art. 13 Tit. 1 Absch. 4 die letztere Regel angenommen, und bestimmt, daß in Ermangelung zuverlässiger Beweise der Gemeinderath entscheiden solle.

Die Königl. Verordn. v. 14. I. 1824 verfügt, daß die Bezirkspräsidenten vorläufig den Antheil an der Gemeinweide, den jeder Theil der Gemeinde benutzen solle, bestimmen können, daß gegen deren desfallsige Entscheidungen Berufung bei dem Oberpräsidenten gestattet sei, daß aber dieser Weg nicht hindere, die Frage vor die Gerichte zu bringen.

Art. 69 bestimmt die Zeitpunkte, wann die Forstverwaltung den Bürgermeistern die als geöffnet erklärten Waldorte anzeigen soll.

Art. 70 schließt das zum Handel bestimmte Vieh von der Weide und Eichelmast aus.

Die Bestimmungen der Art. 2. 5. 10 und 14 Tit. 19 d. Verordn. v. 1669 wollten auch, daß man einen Unterschied zwischen dem Viehe, welches den Berechtigten zugehöre und zu ihrem besonderen Gebrauche diene, und dem, welches sie zum Vermiethen hielten, oder womit sie handelten, — machen sollte. Diese Artikel beschränkten die Ausübung der Nutzungs- und Weiderechte bloß auf die Häuser der Berechtigten; sie verboten den Berechtigten fremdes Vieh in ihre Ställe aufzunehmen, um solches nicht unbemerkt auf die Weide schicken zu können, und untersagten ihnen ausdrücklich das Recht, anderes Vieh in die Waldungen auf die Weide zu treiben, als das, welches zu ihrem eigenen Haushaltsbedarf diene.

Zwei Gerichtshöfe bemerkten, daß der Art. 70 in seiner Fassung zu Zweifel Raum gebe, indem aus demselben hervorzugehen schiene, daß die Berechtigten ihre Rechte nur für solches Vieh benutzen könnten, welches ihnen selbst oder in ihren Häusern zur Nahrung diene, während sie dieselben für das Vieh benutzen sollten, welches zum Ackerbau im Banne der Gemeinde gehalten würde, für welche das Nutzungsrecht eingeführt sei.

Man hob hervor, daß Art. 70 die Bestimmungen des Art. 14 Tit. 19 d. V. v. 1669 bloß bestätige und daß derselbe, da er fast wörtlich die nämliche Fassung erhalten habe, keine Schwierigkeiten darbieten könne.

Ein Oberforstmeister beantragte, daß das Weiderecht von keinem auswärtigen Eigenthümer, welcher im Banne der zum Genuß berechtigten Gemeinde etwa nur ein geringes Eigenthum habe, ausgeübt werden solle, weil Art. 15 Tit. 1 Absch. 4 d. G. v. 28. IX. 1791 die Deutung zulasse, daß die auswärtigen Eigenthümer das Recht hätten, das Vieh in den Waldungen einer Gemeinde weiden zu lassen, wo sie ein Eigenthum besitzen, wie gering dieses auch sein möge. Darauf wurde bemerkt, daß die Ausübung der Nutzungsrechte einzig und allein auf die Häuser der Berechtigten beschränkt werden solle und daß der Umfang der gegenseitigen Rechte der Einwohner, wenn einmal die Gesammtzahl des Viehes von der Verwaltung festgesetzt worden sei, nach der Größe des Eigenthums, welches ein Jeder in der Gemeinde besitze, bestimmt werden müsse.

Bei der Verhandlung im Volkshause wurde der Vorschlag gemacht, die Worte: „zu ihrem eigenen Gebrauche halten, nicht mit solchem, womit sie Handel treiben", wegzulassen und an deren Stelle zu setzen: „die, welche als solche erkannt sind, die ihnen gehören", darauf sich berufend, daß in den Gegenden wo wenig Ackerbau getrieben werde, man fast keinen Unterschied zwischen dem Viehe mache, welches die Ackersleute zu ihrem Gebrauch halten, und jenem, welches ein Handelsgegenstand werden kann. Andere bestritten dieses und bemerkten namentlich, daß die vorgeschlagene Veränderung unbillig und überdies schwierig in der Vollziehung wäre, weil das Vieh, womit man Handel treibe, unaufhörlich abwechsele, und der handeltreibende Einwohner die ihm auferlegte Verbindlichkeit nicht erfüllen könne, bestimmt die Zahl des Viehes anzugeben, welches er auf die Weide zu schicken gedenke; daß man niemals als zum Handel bestimmtes Vieh solches betrachte, welches im Bauernhof geboren worden sei, daß man vielmehr Handelsvieh nur jenes nenne, welches man auf dem Markt kaufe, um es wieder zu verkaufen. Die vorgeschlagene Abänderung wurde hierauf verworfen.

Art. 71 überträgt den Forstbeamten die Wege zu bestimmen, auf denen das Vieh zur Weide und Mast ein- und ausgetrieben werden soll.

Art. 6 Tit. 19 d. V. v. 1669 übertrug der Forstverwaltung die Bezeichnung der fragl. Wege, welche Bestimmung beibehalten wurde. Art. 12 Tit. 19 ders. V. unterwarf die Berechtigten allein zur Tragung der Kosten, welche die Anlage der Schutzgräben veranlasse. Hiergegen wandte man ein, daß man die Bezahlung dieser Ausgabe dem Berechtigten nicht zumuthen könne und daß die Gräben auf gemeinschaftliche Kosten gemacht werden sollten. Letzteres fand denn auch Aufnahme.

Im Volks- und Oberhause machte man den Vorschlag, daß der Einspruch beim Bezirksrathe gegen die Bezeichnung der Wege durch die Forstverwaltung in dem Falle gestattet werden möge, wo diese Bezeichnung den Gerechtsamen der Berechtigten nachtheilig wäre. Dieser Vorschlag wurde auf die Bemerkung hin verworfen, daß der Einspruch bei der Verwaltung eine hinlängliche Gewährleistung darbiete.

Art. 72 verpflichtet die Berechtigten, einen gemeinschaftlichen Hirten zu halten.

Das den Berechtigten auferlegte Verbot, ihr Vieh selbst auf die Weide zu treiben, oder es durch besondere Hirten dahin treiben zu lassen, war schon im Art. 8 Tit. 19 d. V. v. 1669 enthalten, und zwar bei 8 M. für das erste Mal, der Einziehung des Viehes für das zweite Mal und der Entziehung des Genußrechts für das dritte Mal.

Mehrere Verwaltungs- und Gerichtsbehörden machten die Bemerkung, daß in vielen Gegenden, namentlich im Gebirge, die Einwohner genöthigt seien, ihr Vieh besonders hüten zu lassen weil die Wohnsitze oft auf weiter Strecke zerstreut wären; jedoch ist dieser Grund nicht durchgreifend erschienen, eine Ausnahme von der in Art. 6 Tit. 19 d. V. v. 1669 ertheilten Regel zu gestatten, dahin gehend, daß das Vieh an einem unter den Einwohnern vereinbarten Orte zusammengetrieben und hier dem gemeinschaftlichen Hirten anvertraut werde.

Auf eine Anfrage im Oberhause, ob die Berechtigten, welche ein selbstständiges Weiderecht hätten, verpflichtet sein sollten, einen gemeinschaftlichen Hirten miteinander zu halten, erwiederte der Staatsbevollmächtigte, daß in diesem Falle die Art und Weise des Genusses nach den Urkunden und nach dem gemeinen Rechte, welches für alle Nutzungsrechte maßgebend, zu beurtheilen sei. In der That scheint die Regel sich auch nur auf diejenigen zu beziehen, welche als Einwohner einer Gemeinde das Genußrecht haben; jedoch will sie, daß jeder Nutznießer ohne Unterschied, sobald sein Recht aus seiner Eigenschaft als Einwohner hervorgeht, sein Vieh dem gemeinschaftlichen Hirten anvertrauen soll und daß er keine besondere Heerde bilden könne (Art. 8 Tit. 19 d. V. v. 1669).

Auf die von mehreren Forstbeamten gemachte Bemerkung, daß die Gemeinden bisweilen Kinder zum Hüten ihrer Heerden wählten, hatte man im ersten Entwurf der Ausführungs-Verordnung vorgeschlagen, zu bestimmen, daß die Hirten wenigstens 21 Jahre alt sein müßten, daß sie von den Forstbeamten angenommen und vom Friedensrichter auf dieselbe Weise wie die Verwalter der Steigerer beeidigt werden sollten. Dieser Vorschlag wurde aus dem Grunde fallen gelassen, weil man, da die Nutznießer für den aus Frevel entstandenen Schadensersatz verantwortlich sind, befürchtete, diese Verantwortlichkeit in den Augen der Gerichte dadurch zu schwächen, daß man den Nutznießern Bedingungen vorstehender Art auferlege.

Art. 73 bis 75 legen den Berechtigten Verpflichtungen auf, über das Bezeichnen des Viehes und dem Viehe Schellen anzuhängen.

Art. 76 und 77 bedrohen die Uebertretungen der Vorschriften über die Ausübung der Weide und Mast mit Strafen.

Art. 78 verbietet das Eintreiben der Ziegen, Schafe oder Hämmel in die Waldungen.

Eine Menge sehr alter Verordnungen hatte das Eintreiben der Ziegen und Schafe in die Waldungen zu jeder Zeit untersagt. Art. 13 Tit. 19 d. V. v. 1669 verbot Wollvieh, Ziegen, Schafe und Hämmel sowohl in allen Waldungen, wie auch auf Steppen und Heiden, öden und leeren Plätzen am Saume der Gehölze und Waldungen. In der Zeit von 1718 bis 1780 untersagten sogar verschiedene Provinzial-Verordnungen den Einwohnern das

Halten der Ziegen. Art. 1 Absch. 4 Tit. 1 d. G. über Feldpolizei v. 6. X. 1791 schaffte vorbezeichnete Provinzial-Verordnungen ab und gestattet jedem Eigenthümer solche Gattung und Anzahl Vieh zu halten, welche er zu seinem Feldbau und seiner Wirthschaft für nöthig erachtet. Dagegen blieben alle Verordnungen, welche Ziegen in den Waldungen verboten, fortwährend in ihrer vollen Kraft. Das Verbot, Ziegen und Schafe in den Waldungen weiden zu lassen, wurde durch Verordn. v. 7. I. 1806 erneuert und auch auf die Waldungen des Staats neuen Ursprungs, der Gemeinden und der Privaten nach einer Menge von Urtheilen des Cassationshofs ausgedehnt, welche sogar entschieden haben, daß durch die Bestimmung der Verordn. v. 1669 alle vorher ertheilten Bewilligungen oder geschlossenen Verträge, vermöge derer Private etwa Nutznießern die Befugniß zugestanden haben könnten, Ziegen und Schafe in ihren Waldungen weiden zu lassen, aufgehoben seien.

Viele Behörden erkannten an, daß die Erhaltung der Wälder mit der Ziegen- und Schafweide unverträglich sei; nur Bezirksräthe und Gerichtshöfe der mittäglichen Landestheile machten Einwendungen gegen das Verbot, aus denen wir Einiges von allgeinem Interesse hervorheben, als: Art. 78 habe zur Folge, daß sogar die eigenen Rechte in den Privatwaldungen vernichtet würden. Nach dem Verfassungsgesetze könne aber Niemand seines Eigenthumsrechts enthoben werden, es sei denn des gemeinen Nutzens wegen, der gesetzmäßig erwiesen sein müsse, und gegen eine billige zuvor bezahlte Entschädigung. Daß man die Urkunden achten und die Einwohner in der Gesammtheit oder als Theilhaber an dem Gemeinde-Eigenthum betrachtet von denjenigen unterscheiden müsse, welche außerdem noch besondere durch Urkunden oder Besitz erworbene Rechte haben könnten. Daß das Gesetz, welches über das Interesse der Gemeinden wache, die Art und Weise und die Bedingungen ihres Genusses bestimmen könne, daß es aber die Rechte der Privaten nicht verletzen dürfe. Daß man, wenn das Verbot der Schaf- und Ziegenweide eine heilsame Maßregel für die Waldungen sei, doch auch wenigstens die Nutznießer, welche ihr Recht vermöge Urkunden besitzen, entschädigen solle.

Bei der Verhandlung im Volkshause machte der Ausschuß den Vorschlag, den Nutznießern, welche einen Rechtsanspruch haben oder im Besitze sind, die Befugniß vorzubehalten, eine Entschädigung zu fordern, und der Staatsregierung das Recht zu überlassen, die Schafweide in gewissen Orten zu gestatten. Es entstand darüber ein weitläufiger Wortstreit, aus dem wir Folgendes mittheilen. Zugegeben wird, daß die Genußrechte in den Staatswaldungen fast immer unentgeldlich und als bloße Duldung zugestanden worden sind, mit Ausnahme derjenigen, welche in den Waldungen der geistlichen Stifte bewilligt wurden, daß das Verbot, Ziegen und Schafe in den Waldungen weiden zu lassen, allgemein war und sich auf alle Waldungen ohne Unterschied erstreckte. Dagegen wird dem Ausschusse vorgehalten, daß er sich in eine Anschauung eingelassen habe, welche mit dem Grundsatz, den er anzuerkennen scheine, nicht übereinstimme, denn wenn man niemals Ziegen und Schafe in die Waldungen des Staats und der Gemeinden treiben durfte, es auch nicht möglich sei dergleichen Rechte wieder geltend zu machen, noch sich auf einen Besitz zu berufen, der gegen das Verbot des Gesetzes gewesen wäre. Der Berichterstatter des Ausschusses bemerkt hierauf, daß derselbe bei dieser Gelegenheit ebenso gehandelt habe wie in Ansehung der Holzbewilligungen, und zwar daß er auf alle Rechtsansprüche Rücksicht genommen und den Gerichten allein die Befugniß gelassen habe, sie zu beurtheilen, weil diesen es zukomme über alle Rechtsfragen, sie seien gegründet oder nicht, zu entscheiden. Sodann hebt ein Mitglied des Volkshauses hervor, daß die in der Verordn. v. 1669 enthaltenen Verbote nicht auf diejenigen Länder ausgedehnt werden könnten, welche **nach** diesem Gesetze mit Frankreich vereinigt worden seien, wie z. B. Elsaß, Lothringen rc.; übrigens gibt derselbe nicht zu, daß man sich gegen das Verbot des Gesetzes ein Recht machen könne, und führt die dreißigjährige Verjährung an, wodurch das Eigenthumsrecht eines Guts demjenigen zugesprochen wird, welcher es selbst widerrechtlich besessen hat. Der Finanzminister bestreitet diejenige Verbesserung, welche die Entschädigung betrifft, weil sie mit der Verfügung des ersten Satzes dieses Artikels, welcher schon angenommen ist, im Widerspruch stehe, und widersetzt sich auch der zweiten Verbesserung, weil dadurch, daß sie der Verwaltung das Recht lasse die Erlaubniß zu ertheilen, Schafe in die Waldungen zu treiben, man einem allgemeinen Verbote zuwiderhandele, welches auf frühere Gesetze gegründet sei, und weil es hier auf die sorgfältige Erhaltung der Waldungen ankomme. Der Ausschuß schlägt darauf eine neue Fassung vor, welche angenommen wird.

Hinsichtlich des zweiten Absatzes ist zu bemerken, daß laut Art. 218 die Streitigkeiten, welche über Eigenthumsfragen entstehen, nach den Gesetzen und Verordnungen, die vor dem Erscheinen des Forstgesetzbuchs über diesen Gegenstand bestanden, beurtheilt werden müssen.

Art. 79 verbietet das Berechtigungsholz zu holen, bevor es von den Forstbeamten überwiesen worden ist.

Diese Bestimmung ist den Rechtsgebräuchen, den Verordnungen von 1080. 1515. 1529. 1540. 1583. 1601. 1698. 1720. 1730. 1737. 1758 und der unveränderten Rechtskunde des vormaligen Staatsraths und des Cassationshofes gemäß.

Nach Art. 122 der Ausführungs-Verordnung ist das in Raummetern abzugebende Brennholz als Last auf die versteigernden Schläge zu legen, und den Berechtigten in den durch das Lastenheft festgesetzten Fristen von den Ansteigerern zu liefern.

Diese Bestimmung entspricht den alten Verordnungen, namentlich der von 1540.

Als in Elsaß-Lothringen zur deutschen Zeit der Kleinverkauf eingeführt wurde und keine ganzen Schläge auf dem Stamme mehr zur Versteigerung kamen, ließ die Forstverwaltung den Holzeinschlag durch Unternehmer oder auf Grund der Hauordnung v. 6. X. 1871 selbst beschaffen.

Ferner bestimmt Art. 122 d. A. V. im zweiten Absatz, daß für die berechtigten Gemeinden das Brennholz dem Bürgermeister überwiesen wird, welcher dessen Vertheilung unter die Einwohner bewirken läßt.

Die Vertheilung geschieht, nachdem das Holz von dem

Oberförster abgenommen und dem Bürgermeister überwiesen worden ist.

Nach dem gemeinen Rechte dürfen die Gerechtsamen niemals weiter ausgedehnt werden, als das Bedürfniß der Berechtigten fordert. Dieser Rechtsgrundsatz wird bestätigt durch Art. 630 d. B. G. B.; Entsch. d. Cassationsh. v. 18. X. 1821, 21. VIII. 1828, 20. VIII. 1833.

Wenn nicht Urkunden oder Gebrauch es anders bestimmen, so findet die Vertheilung des Brennholzes nach Feuerstellen d. h. nach Familienhäuptern oder Hausvorstehern, welche einen wirklichen und bleibenden Wohnsitz in der Gemeinde haben, statt.[1] Da das Brennholzbedürfniß sich nach der Größe der Haushaltung richtet, so war das Vertheilungsmaß sehr verschieden, und gab zu Streitigkeiten Veranlassung, welche der Bezirkspräsident zu entscheiden hatte. Wo nicht eine gewisse Masse für die berechtigte Gemeinde im Ganzen urkundlich feststand, wurde von der Forstverwaltung das als unerläßlich nöthig erkannte Brennholzmaß aus den Schlägen verabfolgt, dabei zur Deckung des wirklichen Bedarfs auf die in der Regel den berechtigten Gemeinden zugleich zustehenden Nebenbezüge an Raff- und Leseholz, Stockholz, Windfallholz rc. verweisend. Als aber letztere keine ausreichende Deckung mehr gaben, entstanden Klagen, die dahin führten, daß auf gerichtlichem Wege die Bedürfnißfrage zur Entscheidung kam. Hiernach ist vielerseits das Bedarfsmaß für jede selbstständige Haushaltung, ohne Unterschied der Größe derselben, auf 6 bis 8 Raummeter festgestellt, wobei jedoch denjenigen berechtigten Gemeinden, welche eigene Waldungen besitzen, in erster Linie die Erträgnisse dieser letzteren zur Deckung des Bedarfs an Brennholz dergestalt dienen sollen, daß diese Erträgnisse bei Festsetzung des Bedarfes zuerst in Betracht genommen und von der für die Gemeinde berechneten gesammten Bedarfsmasse in Abzug gebracht werden müssen.[2] Bei dem in dieser Weise an die berechtigten Gemeinden aus Schlägen abgegebenen Brennholze hat der Bürgermeister, gleich wie in Art. 123 d. A. V. bezüglich

---

[1] Art. 105 des Forstgesetzbuchs.
[2] Urtheil des Gerichtshofs zu Colmar v. 1. VI. 1844 rc.

des Bauholzes vorgeschrieben ist, vor dem 1. Februar jeden Jahres dem Oberförster eine Liste der selbstständigen Haushaltungen vorzulegen, dieser dieselbe zu prüfen, mit seinen Anträgen der Forstdirection zur Genehmigung einzureichen und nachdem sie genehmigt zurückerfolgt ist und etwa inzwischen eingetretenen Veränderungen in den Haushaltungen darin bestätigt worden sind, den Holzeinschlag und nächstdem die gesammte Brennholzmasse an den Bürgermeister zu überweisen, welcher die Vertheilung derselben unter die Einwohner lediglich nach der bestätigten Liste und nach dem für jede Haushaltung bestimmten Bedarfsmaße bewirken muß.

Schließlich bestimmt Art. 122 d. A. V. im dritten Absatz, daß wenn das Brennholz schlagweise abgegeben wird, der Unternehmer der Fällungsarbeiten vom Oberförster zu bestätigen ist.

Die Ernennung des Unternehmers der Fällung ist, wenn ein Schlag in Betracht kommt, wo das Holz auf dem Stamme abgegeben wird, der Genehmigung des Oberförsters unterworfen, weil dieser Unternehmer genügende Sicherheit geben muß und nach Art. 82 d. F. G. B. dieselbe Haftbarkeit wie der Steigerer eines Schlages hat. Seit deutscher Zeit ist auf Grund der Hauordnung v. 6. X. 1871 meistens der Holzhauermeister als Unternehmer angenommen.

Art. 123 d. A. V. befaßt sich mit der Bauholz-Abgabe und schreibt im ersten Absatz vor, daß dieselbe an die Berechtigten nur auf Vorlage von Anschlägen, welche von Bauverständigen aufgestellt sind und den Bedarf nachweisen, erfolgen darf.

Da die Berechtigten nur für persönliche Bedürfnisse, welche genügend erwiesen sind, ein Recht auf Lieferung von Bauholz haben, so verlangen die alten Verordnungen, namentlich die v. 4. IX. 1601, daß sie ihren Bedarf durch Bauverständige nachweisen lassen sollen. Nach ministerieller Entscheidung vom 3. X. 1821 hat der Berechtigte alle Kosten des Bauanschlags und der Abschätzung durch Sachverständige, wegen des ihm abzuliefernden Holzes zu bezahlen.

Nach dem zweiten Absatz des Art. 123 d. A. V. sind

die Bauanschläge vor dem 1. Februar jeden Jahres dem Oberförster einzureichen, alsdann zu prüfen und zu genehmigen.

Die Bauanschläge sollen den Bedarf der Berechtigten und die Zahl der Baustücke jeder Art mit ihrem Kubikinhalte angeben, welche die Ausbesserungen oder Neubauten erfordern können. Da aber die Bauanschläge oftmals übertriebene Anforderungen stellen und die Berechtigten nur auf das Bauholz Anspruch haben, welches als unerläßlich nöthig erkannt wird, da zudem stets die Abgabe nach Maßgabe des Zustandes und der Zulänglichkeit des Waldes beschränkt werden kann,[1] so ist auch die Bestimmung der alten Verordnungen, nach welcher den Forstbeamten die Prüfung der Anschläge zustand beibehalten.

Der dritte Absatz des Art. 123 d. A. V. verlangt, daß die Abgabe dieser Hölzer als Last auf die zu versteigernden Schläge gelegt wird. Diese Bestimmung gilt für alles Holz, welches nicht in Schlägen abgegeben wird.[2] Wie wir oben bei der Darlegung des Art. 122 d. A. V. gesehen haben, entspricht diese Bestimmung nicht mehr den Grundsätzen der heurigen Verwaltung, und es wird daher hier wie dort der Holzeinschlag durch Unternehmer oder auf Grund der Hauordnung v. 6. X. 1871 beschafft.

Der vierte Absatz des Art. 123 d. A. V. gestattet eine außergewöhnliche Abgabe von Holz im Dringlichkeitsfalle und bestimmt zugleich, daß der Einschlag und die Zurichtung der Bäume auf Kosten der Berechtigten erfolgen und alle Abfälle wie im Kleinverkaufe versteigert werden sollen.

Als Dringlichkeitsfälle werden Feuersbrünste, Ueberschwemmungen und drohender Einsturz der Gebäude betrachtet, welche die Genehmigung der Oberbehörde nicht abwarten können. Sofern aber eine Ausbesserung aufgeschoben werden kann, muß man die einzelnen Abgaben vermeiden, weil sie zu vielen Mißbräuchen Anlaß geben.

Art. 80 verbietet bei Ausübung des Rechts auf trockenes 2c. Holz sich Haken oder eiserner Werkzeuge irgend einer Art zu bedienen.

---

[1] Art. 65 d. F. G. B.
[2] Art. 110 u. 122 d. A. V.

Um den Mißbrauch zu verhüten, welcher beim Schneiden und Hauen des trockenen Holzes ausgeübt wurde, ward schon durch Verordnung von 1554, Verwaltungsbeschluß von 1584 und durch Art. 33 Tit. 27 der Verordnung von 1669 untersagt, kein anderes als solches Holz zu holen, welches auf der Erde liege. Die königliche Bekanntmachung v. 30. XI. 1789 ertheilte das Verbot, sich eines Hakens oder sonst eines eisernen Werkzeuges zu bedienen, welches beibehalten ist.

Art. 81 behandelt die schlagweise Abgabe des Brennholzes.

Unter Schlag versteht man einen bestimmten Flächenraum. Diese Abgabeart soll aber nur alsdann befolgt werden, wenn sie ausdrücklich beurkundet ist, zumal die alten Verordnungen bestimmten, daß die Abgabe des Berechtigungsholzes in den versteigernden Schlägen als Last einbegriffen werden sollte. Was dasjenige Holz betrifft, welches nach Raummetern abgegeben wird, so muß dasselbe nach Art. 122 d. A. V. stets in den Versteigerungen ausbedungen werden, und die Steigerer haben es dem Bürgermeister abzuliefern. Wie wir aber oben gesehen haben, wird heuer dieses Verfahren nicht mehr beobachtet.

Bezüglich der von den Berechtigten zu tragenden Fällungskosten beantragte ein Gerichtshof, der Vorschrift den Zusatz zu geben: „es sei denn, die Urkunde enthielte entgegengesetzte Bestimmungen“. Dieser Antrag wurde nicht angenommen, weil nach den Verordnungen die Berechtigten stets verpflichtet waren, die Kosten der Fällung des Holzes zu bezahlen, welches ihnen abgegeben wurde. Ueberdies ist vom Finanzminister unterm 3. X. 1821 entschieden worden, daß die Berechtigten die Kosten der Abschätzungen und der Besichtigungen, welche Bauverständige wegen des ihnen abzugebenden Holzes machen, zu bezahlen haben, weil stets derjenige die Ausgaben zu tragen hat, welcher sie verursacht.

Was das Zeichnen der Bäume und deren Ueberweisung durch die Forstbeamten anbetrifft, so geschieht dieses, wenn keine entgegengesetzte Urkunde vorhanden ist, kostenfrei, dem Sinne d. Art. 3 Tit. 19 der Verordnung von 1668 und anderer Verordnungen gemäß.

Wegen der Heranziehung besonderer Unternehmer hatte ein Bezirkspräsident beantragt, zur Verhütung der Kosten die Berechtigten ihr Holz selbst fällen zu lassen; allein man sah davon um so mehr ab, da die Gemeinden ja selbst für die Schläge in ihren eigenen Waldungen laut Art. 11 Tit. 25 d. V. v. 1669 und Art. 103 d. F. G. B. gehalten sind, das Fällen besonders dazu gewählten und verantwortlichen Uebernehmern anzuvertrauen. Heuer haben sich die berechtigten Gemeinden meistens damit einverstanden erklärt, daß auf Grund der Hau-Ordnung v. 6. X. 1871 der Holzhauermeister als besonderer Unternehmer die Fällung und Aufarbeitung des Holzes beschafft.

Der Entwurf der Regierung sagte nicht, wer den Uebernehmer zu bestellen habe, weil verstanden war, daß dies von den Berechtigten geschehen sollte, welche nach Art. 82 d. F. G. B. für die gegen den Uebernehmer ausgesprochenen Strafen gemeinbürgschaftlich haften; aber der Ausschuß der Volksvertretung hat vorgeschlagen, daß der Uebernehmer von den Berechtigten ernannt und von der Verwaltung bestätigt sein müsse. Nach Art. 122 d. A. V. steht dem Oberförster die Befugniß zu, den Uebernehmer zu bestätigen.

Im zweiten Absatz des Art. 81 wird verboten: das Holz auf dem Stamme stehend zu vertheilen oder durch die Berechtigten selbst schlagen zu lassen, sowie die Loose vor vollständigem Abtrieb des Schlages zu machen. Diese Bestimmung ist getroffen, um Mißbräuche zu verhüten.

Im dritten Absatz des Art. 81 sind die Beamten, welche die Uebertretung erlaubt oder geduldet haben, strafbar oder haftbar. Diese Bestimmung ist aus dem Beschluß v. 29. XI. 1778 entlehnt, welcher für Lothringen erlassen wurde.

Art. 82 verpflichtet die Unternehmer der Holzschläge sich nach dem zu richten, was den Steigerern hinsichtlich der Ausnutzung und Räumung der gesteigerten Schläge vorgeschrieben ist.

Diese Verfügung ist den Verordnungen von 1537. 1538. 1539. 1549. 1602 u. 1756, sowie der Rechtskunde aller Zeiten gemäß.

Im zweiten Absatz des Art. 82 werden die Berechtigten

für die gegen die Unternehmer ergangenen Strafen gemeinbürgschaftlich gemacht. Diese Bestimmung war schon durch die Verordnungen v. 14. und 25. VI. 1602. 1669, insbesondere durch den Beschluß des Raths v. 29. XII. 1778 bestätigt.

Art. 83 verbietet den Berechtigten das ihnen überwiesene Holz zu verkaufen oder zu vertauschen.

Das Holzungsrecht ist dem Nutznießer für seine persönlichen und häuslichen Bedürfnisse bewilligt, er darf das davon herrührende Holz weder verkaufen noch vertauschen, noch zu einem andern Gebrauch anwenden, als zu dem wozu es bestimmt ist. Dieses beruht auf den Bestimmungen der Verordnungen von 1376. 1388. 1402. 1515. 1529. 1549. 1581 ꝛc. Die meisten dieser Verordnungen sprachen im Uebertretungsfalle auch die Entziehung des Genußrechts und Geldbußen aus.

Art. 84 beschränkt die Verwendungsfrist des Bauholzes auf 2 Jahre, nach deren Ablauf die Forstverwaltung über die nicht verwendeten Stämme verfügen kann. Letzterer Bestimmung liegt die Möglichkeit zu Grunde, daß der Berechtigte durch höhere Gewalt oder aus Mangel an Geldmitteln abgehalten werden kann, von dem ihm abgegebenen Holz Gebrauch zu machen. Es versteht sich von selbst, daß sobald das Holz nicht mehr vorhanden ist, Art. 83 d. F. G. B. Anwendung finden muß.

Art. 85 verbietet allen irgend Berechtigten Erzeugnisse des Waldes abzuschlagen, zu sammeln oder wegzuschaffen bei einer doppelt so hohen Strafe als die im Art. 144 gegen Nichtberechtigte angedrohte.

Art. 27 Tit. 27 d. V. v. 1669 hatte eine Strafe von 80 M. angedroht. Die Gesetze v. 29. VIII u. 14. IX. 1794 gestatteten darauf das Sammeln von Eicheln, Bucheln und anderen Erzeugnissen des Waldes, sogar den Eintrieb der Schweine dort, wo keine Bucheln eingesammelt werden konnten. Letztere Gesetze, welche ohnehin vorübergehend waren, sind mit allen anderen Forstgesetzen durch Art. 57 bezw. 85 d. F. G. B. abgeschafft.

Von den Nutzungsrechten in den Waldungen der Gemeinden und öffentlichen Anstalten.

Wenn wir in vollem Maße zugeben, daß die Gemeinden und öffentlichen Anstalten bezüglich der Verwaltung ihres Vermögens als Minderjährige der Stütze einer vormundschaftlichen Behörde bedürfen, insbesondere billigen, daß deren Waldungen der Aufsicht und Beschützung der öffentlichen Verwaltung unterstellt sind; so müssen wir doch für Elsaß-Lothringen beklagen, daß die französische Gesetzgebung den Gemeinden bezw. Genossenschaften in dem Genuß ihres Waldeigenthums Einschränkungen auferlegt hat, welche das Rechtsgefühl kränken. Für das alte Frankreich mögen die heurigen Gesetze angebracht sein, boten sie doch eine prächtige Gelegenheit um gefügige Persönlichkeiten für den Präfecten zu gewinnen; hier bestand entschieden die altdeutsche Markverfassung, und wenn diese auch durch das Feudalwesen zerrüttet worden war, so konnten doch nach der Staatsumwälzung von 1789 die Markwaldungen — wie geschehen — nicht als rein bürgerliches Gemeindevermögen betrachtet werden. Es war aber den Einwohnern einer Gemeinde benommen, die Rechte derselben in ihrem eigenen Namen vor Gericht zu verfechten. Die Gemeinde als Gesammtheit betrachtet, mußte allein und ausschließlich eine Klage dieser Art durch ihren Bürgermeister führen lassen.[1] Der Bürgermeister bedurfte der Beschlußfassung des Gemeinderaths und sodann der Ermächtigung des Bezirksraths bezw. Staatsraths.[2] Ebenso wenig durfte eine Abtheilung einer Gemeinde ohne Ermächtigung Klage führen.[3] Solche Weiterungen mußten abschrecken. Jetzt sind die vormaligen Rechtsverhältnisse nicht mehr klarzustellen, und wir müssen uns daher in Verfolgung unserer Aufgabe auf den Boden stellen, welcher gegenwärtig der gesetzlich maßgebende ist. Von diesem Gesichtspunkte aus

---

[1] G. v. 20. X. 1796. Beschl. d. Cassationshofes v. 31. XII. 1804, 16. VII. u. 16. VIII 1822. B. v. 19. II. 1823.

[2] G. v. 14. XII. 1789, 16. X. 1796, 17. II. 1800. B. v. 23. VII. 1823, 20. XI. 1822.

[3] Beschl. d. Cassationshofes v. 31. XII. 1804. 21. IV. 1809.

wollen wir die Art. 103. 105. 110 und 112 des Forstgesetzbuchs in Betracht ziehen.

Art. 103 behandelt den Einschlag desjenigen Holzes in den Gemeindewaldungen, welches in Natur als Bürgerholz unter die Einwohner vertheilt werden soll, mit der Vorschrift, daß dieser erst nach der Anweisung der Forstbeamten und unter Beobachtung der im Art. 81 bestimmten Formen stattfinden kann.

Art. 9 Tit. 12 d. G. v. 29. IX. 1791 verbot, irgend einen Einschlag vor Anweisung der Forstbeamten zu machen, sowie Art. 11 Tit. 25 d. V. v. 1669 und Beschluß des Raths v. 29. IX. 1778 bestimmten, daß die Schläge durch einen verantwortlichen Unternehmer gehauen werden sollten und daß das Holz nicht auf dem Stamme vertheilt werden könne.

Ein Gerichtshof und ein Bezirkspräsident beantragten, daß die Einwohner ermächtigt würden, ihre Schläge selbst zu hauen; dieses wurde von dem Regierungs-Ausschusse damit abgelehnt, daß ein solches Verfahren Unordnung im Hauen zur Folge hätte. Bei den Verhandlungen im Volkshause wurde vorgeschlagen, die Schläge, welche als Bürgerholz angewiesen würden, nach dem Ortsgebrauch d. h. durch jede Haushaltung hauen zu lassen, und zwar unter der Verantwortlichkeit von zwei als Unternehmer angenommenen Einwohnern. Dieser Vorschlag wurde deßhalb verworfen, weil der nach Art. 81 d. F. G. B. zu ernennende Unternehmer das Holz nach Maßgabe des Bedarfs eines jeden Berechtigten hauen lassen kann.

Es finden hier die in Art. 122. 141 und 146 der Ausführungs-Verordnung angegebenen Formen Anwendung. Art. 122 haben wir schon oben erläutert.

Art. 141 d. A. V. behandelt den Fall, in der die Gemeinde nicht alles Holz ihrer Schläge zu ihrem eigenen Verbrauche verwenden kann, und gibt die Mittel an, dafür zu sorgen, daß die Einwohner ihren Bedarf erhalten.

Art. 146 d. A. V. gründet sich auf Art. 112 des Forstgesetzbuchs und wendet auf die Gemeinden und öffentlichen Anstalten alle Bestimmungen des Absch. 9 Tit. 2 dieser Verordnung über die Ausübung der Nutzungsrechte in den Staatswaldungen an, vorbehaltlich der Abänderungen, welche aus dem Tit. 5 hervorgehen, und mit Ausnahme der Art. 121 u. 123.

Demgemäß werden die Bürgerholzschläge dem Bürgermeister überwiesen, welcher das Holz, wenn der Einschlag völlig beschafft ist, unter die Einwohner vertheilen läßt; und wenn die Gemeinden nur einen Theil ihrer Schläge zum Verbrauch der Einwohner nöthig haben, so müssen sie die Brenn- und Bauholzmasse, welche dem Steigerer als Bedingung auferlegt oder vom Schlage vorbehalten werden soll, anzeigen; endlich müssen die Unternehmer der Fällungsarbeiten der Bürgerholzschläge von dem Oberförster genehmigt werden.

Die Ausnahme des Art. 123 d. A. V. ist deßhalb gemacht, weil man bei der Gemeinde, als Eigenthümerin, nicht die Prüfungen anstellen kann, welchen die Berechtigten im Staatswalde unterworfen sind.

Art. 105 setzt die Vertheilungsweise des Bürgerholzes fest, wenn nicht Verträge oder Ortsgebrauch entgegenstehen.

Art. 11 Tit. 25 d. V. v. 1669 verfügte, daß das Bürgerholz nach dem Ortsgebrauch unter die Einwohner vertheilt werden solle.

Die Beschlüsse des Raths v. 22. VI. 1756 u. 31. I. 1758 entschieden, daß die Pfarrer kein Recht hätten, das Bürgerholz mitzugenießen.

Die gesetzgebende Volksversammlung ließ den 21. V. 1790 die Hofmeier zur Theilung zu.

Die Versammlung nahm den 10. VI. 1793 die Theilung der Gemeindegüter nach der Kopfzahl an.

Dieselbe Versammlung verordnete den 15. I. 1794, daß das Bürgerholz, das damals gehauen war, kopfweise vertheilt werden solle.

Der Consular-Beschluß v. 10. XII. 1801 bestimmte ebenfalls, daß die Theilung des Bürgerholzes, wenn von keinen Hochwaldungen die Rede sei, in Gemäßheit der Bekanntmachung des Herzogs von Lothringen v. 13. VI. 1724 und des Gesetzes v. 15. I. 1794, kopfweise statthaben solle.

Die Bäume waren in der Theilung nicht mitbegriffen.

Diese verschiedenen Verfügungen haben andere Auslegung erfahren, und zwar wurde durch zwei Gutachten des Staatsraths v. 20. VII. 1807 u. 26. IV. 1808, die Theilung der zwischen mehreren Gemeinden unvertheilten Waldungen betreffend, entschieden, daß die Grundsätze des Beschlusses v. 10. XII. 1801 durch spätere Erlasse verändert worden seien und daß die Theilung nach Feuerstellen, d. h. nach der Zahl der Familienhäupter gemacht werden müsse.

Der den Behörden mitgetheilte Entwurf des Forstgesetzbuchs empfahl ebenfalls die Vertheilung des Bürgerholzes nach Feuerstellen, und wenn Bäume zur Abgabe kämen, den Werth derselben an die Gemeinden zu bezahlen. Allein es wurden von vielen Seiten, namentlich aus Elsaß und Lothringen, Gegenvorstellungen gemacht, dahin gehend: Die revolutionäre Regierung habe die Vertheilung des Brennholzes nach Feuerstellen erfunden; die Bäume seien zum Bau und zur Wiederherstellung der Häuser bestimmt; sobald man aber die Einwohner zwinge, sie zu kaufen, so würden sie dieser Bestimmung entzogen; nach dem gemeinen Rechte solle jeder in der Theilung erhalten, was seine Bedürfnisse erfordern. Die Lasten in einer Gemeinde würden weder nach Feuerstellen noch kopfweise vertheilt, sondern nach eines jeden Eigenthum; hieraus folge, daß auch das, was zum Nutzen gereiche, nach dem Eigenthum vertheilt werden solle: qui sentit onus, sentiat et commodum. Ueberhaupt, setzte man hinzu, würde es schwierig sein, ohne erworbene Rechte zu beeinträchtigen, hier eine allgemeine Regel aufzustellen.

In Folge dieser Bemerkungen fand sich der Revisions-Ausschuß bewogen, dem Artikel die Worte vorhergehen zu lassen: wenn nicht Verträge entgegenstehen. Diese Verbesserung fand aber der Ausschuß des Volkshauses nicht ausreichend, sondern beantragte zu sagen: wenn nicht Verträge oder Ortsgebrauch entgegenstehen, dieselben Worte bei der ebenfalls in Frage stehenden Bauholz-Abgabe wiederholend. Dieser Antrag wurde angenommen.

Ein Bezirkspräsident und ein Bezirkstag hatten beantragt, man solle angeben, was man unter Familienhaupt verstehe, ob diese Bezeichnung auf die verheiratheten oder verwittweten Personen, auf diejenigen, deren Stand zur Ehelosigkeit zwinge, auf die Söhne und Töchter, die eine besondere Haushaltung führen, anwendbar sei. Dieselbe Frage wurde im Volkshause aufgeworfen. Hier machte man den Vorschlag, statt des Wortes „Familienhaupt“ zu setzen: „Hausvorsteher“, weil ein unverheiratheter Mann, ein Pfarrer 2c., im gewöhnlichen und eigentlichen Sinne des Wortes, kein Familienvater sei. Der Regierungsbevollmächtigte bemerkte darauf, daß schon ein Beschluß des Raths vom Jahre 1777 die Sache dahin entschieden habe, daß man unter dem Worte „Feuerstellen“ sowohl die verheiratheten als unverheiratheten Männer verstehe.

Ein Volksvertreter hob hervor, daß die im Artikel gebrauchten Worte „bleibender Wohnsitz“ die Pfarrer 2c. von der Theilung ausschließen könnten.

Ein anderer Volksvertreter macht darauf aufmerksam, daß nach den Beschlüssen des Raths v. 22. VI. 1756 u. 31. I. 1758 die Pfarrer 2c. nicht zu den Familienhäuptern gezählt werden könnten, und setzte hinzu, daß das Holz auch zur Unterhaltung der Häuser bestimmt sei, und daß, da diese Last den Pfarrern nicht obliege, keine Ursache vorhanden sei, sie daran Theil nehmen zu lassen.

Der Vorredner trat dem entgegen und gab seine Meinung dahin ab, daß die in der Gemeinde angestellten Personen, Pfarrer, Schulmeister 2c. ohne Nachtheil in der Theilung mitbegriffen werden könnten.

Ein dritter Vertreter machte die Bemerkung, daß es üblich sei, die Pfarrer Theil nehmen zu lassen, und stellte, um Weiterungen zu begegnen, den Antrag: statt „Familienhaupt“ das Wort „Hausvorsteher“ zu setzen.

Der Berichterstatter des Ausschusses erklärt, daß nach einstimmiger Meinung des Ausschusses das Wort „Familienhaupt“ nothwendigerweise die Pfarrer 2c. mitbegreifen solle, da dieselben Hausvorsteher wären. Jedoch erklärt er sich damit einverstanden, daß man dem Worte: „Familienhaupt“ noch die Worte: „oder Hausvorsteher“ beifüge. Dieser Zusatz wurde angenommen.

Ein Bezirkstag hatte beantragt, daß man noch den Worten „wirklicher und bleibender Wohnsitz“ hinzusetze: „und welche eine Personalsteuer bezahlen“, weil man an der Bezahlung dieser Steuer den wirklichen Einwohner erkenne. Der Revisions-Ausschuß hat nicht für nöthig gefunden, diese Worte beizufügen, vermuthlich weil der Artikel durch die Worte: „wirklicher und bleibender Wohnsitz“ sich genügend erklärt.

Ein Gerichtshof beantragt, daß die Zeit bestimmt werden möge, um als bleibender Einwohner angesehen zu werden, und daß diese Zeitfrist wenigstens auf ein Jahr festgesetzt werden solle. Allein das Gesetzbuch hat in diesem Punkte die gewöhnlichen Regeln bestehen lassen. Nach dem Gesetz v. 16. X. 1793 muß man, um als Einwohner angesehen zu werden, wenigstens ein Jahr in der Gemeinde gewohnt haben.

Was die Fremden anbetrifft, so sind diese laut Gesetz v. 10. VI. 1793 gänzlich von der Theilnahme am Genuß der Gemeindegüter ausgeschlossen.

In dem Volkshause hatte ein Mitglied die Ausstreichung des Wortes „bleibender“ beantragt, da die Worte: „wirklicher Wohnsitz“ genügend seien. Der Berichterstatter des Ausschusses hat sich dem widersetzt, weil sich der Artikel des gesetzlichen Ausdrucks bediene, und jeder Beamte, der in einer Gemeinde wohne, daselbst seinen wirklichen und bleibenden Wohnsitz habe. Ein Volksvertreter widersetzt sich gleichfalls dieser Ausstreichung, weil sich in vielen Bezirken Kasernen mit Zollbeamten vorfänden, welche nur auf unbestimmte Zeit daselbst blieben, und man auf solche Weise Fremden Antheil am Bürgerholz geben würde.

Es kommt noch in Betracht, daß Streitigkeiten, welche die Rechte der Einwohner betreffen, zur Zuständigkeit der Gerichte gehören, weil das Eigenthumsrecht in Rede steht; daß aber, wenn eine Gemeinde ihre eingeführte Theilungsart verändern wollte, die Art und Weise dieses zu erlangen in folgenden Gesetzen angegeben ist: das Gesetz v. 17. II. 1800 Art. 15 überträgt den Gemeinderäthen unter Aufsicht der oberen Verwaltung die Theilung des Bürgerholzes; der Erlaß v. 30. X. 1794 mit dem Gutachten des Staatsraths v. 29. V. 1808 gibt die Formen an, nach welchen man die Art des Genusses der Einwohner in den Gemeindewaldungen verändern kann, und zwar wird der Antrag des Gemeinderaths dem Bezirksrathe vorgelegt und bei Berufung durch den Kaiserl. Rath endgiltig entschieden. Das Gutachten des Staatsraths v. 7. X. 1802 erklärt, daß dieselben Formen bei Veränderung der Theilungsart des Bürgerholzes befolgt werden müssen.

Zur deutschen Zeit ist es im Unter-Elsaß in Frage gekommen, wer die Taxen für das Bürgerholz in den Gemeindewaldungen festzusetzen habe und welche Befugnisse den Gemeinderäthen bezüglich der Vertheilung des Bürgerholzes zustehen. In ersterer Hinsicht hat der Bezirkspräsident in einer an die Kreisdirectoren gerichteten Verfügung auf Grund der bestehenden Gesetze und der früheren Praxis ausgesprochen, daß es Sache der Gemeinderäthe sei, die Taxen für das Bürgerholz festzusetzen und daß die Aufsichtsbehörden nicht das Recht haben, diese Taxen abzuändern, sondern nur ihnen die Genehmigung zu versagen, in welchem Falle die früher im Gebrauch gewesene Taxe so lange in Kraft bleibt, bis der Gemeinderath eine andere, den Aufsichtsbehörden genehme Taxe aufstellt. In letzterer Beziehung hat der Bezirkspräsident sich dafür entschieden, daß den Gemeinderäthen das Antragsrecht zukomme, die Vertheilungsweise des Bürgerholzes festzusetzen, und daß die Verwaltung weder von Amtswegen noch auf den Antrag von Privaten die Vertheilungs- und Nutzungsweise, welche übrigens nach den gesetzlichen Bestimmungen zu erfolgen habe, abändern könne. Diese Entscheidung gründet sich auf Art. 17 Nr. 4 des Gemeindegesetzes v. 18. VI. 1837, das Finanzgesetz v. 7. VIII. 1828, Staatsrathsgutachten v. 8. IV. 1838 u. Art. 105 u. 109 des Forstgesetzbuchs.

Art. 105 d. F. G. B. verordnet schließlich noch, daß wenn nicht Verträge oder Ortsgebrauch es anders bestimmen, der Werth der zu Bauten oder Ausbesserungen abgegebenen Stämme durch Sachverständige abgeschätzt und an die Gemeinde bezahlt werden solle.

Art. 143 der Ausführungs-Verordnung bestimmt, daß etwaigen Falls die Abschätzung von dem Bürgermeister der Gemeinde oder dessen Stellvertreter, dem Forstverwaltungsbeamten und einem Sachverständigen nach Wahl der empfangsberechtigten Partei vorgenommen und die Verhandlung von dem Forstwaltungsbeamten dem Gemeinde-Einnehmer zugesendet wird.

Da die Abschätzung an Ort und Stelle zur Zeit der

Auswahl und des Zeichnens der abzugebenden Stämme stattfinden muß, so werden auf diese Art Zeitverlust und Kosten gespart.

Art. 110 verbietet Ziegen, Schafe oder Hämmel in die Waldungen der Gemeinden und öffentlichen Anstalten einzutreiben oder eintreiben zu lassen.

Gegen dieses Verbot wurden dieselben Bemerkungen vorgebracht, wie die unter Art. 78 d. F. G. B. mitgetheilten, insbesondere stützte man sich darauf, daß die Bestimmungen des Art. 13 Tit. 19 d. V. v. 1669 durch die Beschlüsse des Raths v. 1672. 1673 u. 1674 verändert worden wären, und beantragte demnach, daß der Artikel dahin abgeändert werden möge, daß in den Gegenden, wo die Schafweide von den Gemeinderäthen und den Höchstbesteuerten für unumgänglich nothwendig befunden würde, die Oberbehörde, nach Vernehmung der Forstverwaltung, diejenigen Theile des Waldes bestimmen könne, wo diese Weide, nach Zeit und Zahl beschränkt, erlaubt sei. In Folge dessen fand der Zusatz Billigung, daß die Schafweide an gewissen Orten durch besondere kaiserliche Verordnung gestattet werden könne.

Der Ausschuß des Volkshauses beantragte sodann, die im Artikel enthaltenen Verbote erst nach zwei Jahren in Vollziehung zu setzen, welches Annahme fand.

Art. 112 bestätigt die alten Verordnungen und Gesetze, welche wollten, daß, einige Ausnahmen abgerechnet, die Gemeinden und öffentlichen Anstalten bezüglich der Ausübung ihres Eigenthumsrechts dieselben Regeln befolgen sollten, welche für die Ausübung der Nutzungsrechte in den Waldungen des Staats festgesetzt sind. Die Verordnung von 1669 Tit. 24 u. 25. das Gesetz vom 29. IX. 1791 Tit. 12 u. 13 und der Regierungsbeschluß vom 10. III. 1802 hatten diesen Grundsatz, welcher durch eine Menge Beschlüsse des Cassationshofes anwendbar gemacht worden war, angenommen.

Indem das Gesetzbuch den Genuß der Gemeinden einerseits beschränkt, will es andererseits, daß sie hinsichtlich der auf ihren Waldungen haftenden Nutzungsrechte dieselben Vortheile haben sollen, welche in den Waldungen des Staats zugestanden sind.

Auf die Nutzungen der Gemeinden und öffentlichen Anstalten in ihren eigenen Wäldern finden die Art. 62 bis 72, 75 bis 82 und 85 Anwendung; ausgenommen sind die Art. 61. 73. 74. 83 u. 84 d. F. G. B. Diese Ausnahme gründet sich darauf, daß man zwischen dem Nutzungsrechte, welches die Einwohner einer Gemeinde in den Waldungen des Staats, und dem, welches sie in ihren Waldungen haben, einen großen Unterschied machte, indem das eine bloß ein Recht auf eine fremde Sache und das andere ein Recht sei, welches in einer gewissen Art von Benutzung ihrer eigenen Sache bestehe.

Dabei ist zu bemerken, daß wenn die Art. 73 u. 83 nicht auf die Einwohner einer Gemeinde hinsichtlich der Ausübung ihrer Rechte in den Waldungen eben derselben Gemeinde anwendbar sind, sie gleichwohl auf diejenigen angewandt werden müssen, welche bloß Nutzungsrechte in besagten Waldungen haben. Man kann nicht verlangen, daß ein Einzelner oder eine Gemeinde, welche Nutzungsrechte in dem Walde einer anderen Gemeinde hat, von den in diesen Artikeln auferlegten Verbindlichkeiten befreit sein solle. Hiervon finden wir denn auch den Beweis im Art. 120, aus dem wir sehen, daß der Art. 73, welcher die Berechtigten verpflichtet ihr Vieh zeichnen zu lassen, sich auch auf diejenigen erstreckt, welche in den Waldungen von Privaten Nutzungsrechte ausüben, und daß Art. 83, welcher den Berechtigten untersagt ihr Holz zu verkaufen, dasselbe verordnet. Also sind diese zwei Artikel entschieden auf diejenigen Berechtigten anwendbar, welche in den Waldungen von Gemeinden und öffentlichen Anstalten Nutzungsrechte ausüben. Was den Art. 74 betrifft, welcher in den Waldungen des Staats die Berechtigten verpflichtet, den Abdruck der Zeichen des Viehes bei dem Landgerichte und das zum Zeichnen dienende Eisen in der Schreibstube des Oberförsters zu hinterlegen, so hat damit, daß dieser Artikel nicht auf die Einwohner einer Gemeinde hinsichtlich der Ausübung der Weide und Mast in ihren eigenen Waldungen angewandt ist, keinesfalls in der Absicht der Gesetzgeber gelegen, Fremde, welche in diesen Waldungen Nutzungsrechte auszuüben haben, davon zu befreien. Dasselbe findet auch hinsichtlich des Art. 84 statt, welcher den Berechtigten die Verpflichtung auferlegt, die Verwendung des ihnen abgegebenen Bauholzes nachzuweisen. Die Begründung des Ausschusses beweist diese Ansicht. Es ist übrigens gewiß, daß die Verfasser des Entwurfs in Absicht hatten, diese vier Artikel nicht nur auf die Berechtigten, sondern auch auf die Einwohner der Gemeinden, welche eigene Waldungen besitzen, anzuwenden, zumal der Art. 112 in Wirklichkeit keine andere Ausnahme macht, als bloß hinsichtlich des Art. 61. Bei der von dem Ausschusse vorgenommenen Veränderung hatte die Forstverwaltung eine Bestimmung des Inhalts beantragt, daß die Art. 73. 74. 83 u. 84 auch auf die Berechtigten in den Waldungen der Gemeinden und öffentlichen Anstalten anwendbar seien; allein es scheint dieses während der Verhandlung übersehen worden zu sein.

Von den Nutzungsrechten in den ungetheilten Waldungen, welche der Forstordnung unterworfen sind.

Die Verordnung von 1669 Tit. 23 und das Gesetz vom 29. IX. 1791 Tit. 1 u. 11 unterwarfen die ungetheilten Waldungen der Forstordnung und bestimmten die Art und Weise des Genusses der Besitzer. Das Forstgesetzbuch behält den durch die alten Gesetze eingeführten Grundsatz bei. In den Artikeln 113 bis 116 behandelt dasselbe die Besonderheiten. Für unsere Frage haben nur Bedeutung Art. 113 und 116.

Art. 113, aus welchem erhellet, daß alles was für die Waldungen des Staats vorgeschrieben ist, sich auch auf diejenigen Waldungen bezieht, an welchen der Staat mit Gemeinden oder öffentlichen Anstalten, oder mit Privaten ungetheilte Eigenthumsrechte besitzt, daß alle Verfügungen, welche die Waldungen der Gemeinden und öffentlichen Anstalten betreffen, ebenso auf diejenigen Waldungen anwendbar sind, welche in ungetheiltem Eigenthume zwischen Gemeinden oder öffentlichen Anstalten und Privaten sich befinden. Art. 147 d. A. V. gibt darüber genaue Erklärung. Dabei hat bezüglich der Verwaltung dieser Waldungen der Grundsatz geleitet, daß die gemeinschaftlichen Theile immer der Verwaltung desjenigen Besitzers unterworfen werden müssen, dem die meisten Mittel zu Gebote stehen, um das Eigenthum beschützen zu können. Uebrigens sind die Miteigenthümer nicht völlig von jeder Theilnahme an der Verwaltung ausgeschlossen, sie müssen vielmehr immer zu Rathe gezogen werden, wenn Arbeiten zur Verbesserung der ungetheilten Waldungen vorzunehmen sind. Zudem steht jedem Miteigenthümer frei, die Theilung zu beantragen, indem Art. 815 des bürgerlichen Gesetzbuchs ausdrücklich vorschreibt, daß Niemand gezwungen werden kann, in der Gemeinschaft zu bleiben, und daß auf Theilung jederzeit angetragen werden kann, ungeachtet aller entgegenstehenden Verbote und Verträge.

Art. 116 schreibt vor, daß die Miteigenthümer an dem Werth- und Schadensersatz denselben Antheil wie an dem Ertrage der Verkäufe haben, jeder nach Verhältniß seiner Rechte.

Auch Art. 12 Tit. 23 d. V. v. 1669 sprach den Besitzern einen ihren Rechten angemessenen Antheil an dem Werth- und Schadensersatz zu; allein der Zehnte vom Frank an dem Ertrage der Verkäufe wurde immer zum Vortheil des Staats für die Verwaltungskosten erhoben. Da Art. 106 d. F. G. B. durch eine Verwaltungskosten-Auflage den Zehnten ersetzt hatte, so war im Gesetzentwurf der Zusatz gemacht: „den Zehnten mitbegriffen". Der Ausschuß des Volkshauses beantragte aber, diese Worte in Folge der Veränderung, welche durch Art. 106 entstanden war, zu streichen, und dieses wurde angenommen. Art. 106 d. F. G. B. ist nun durch die Bestimmungen des Art. 5 d. G. v. 25. VI. 1841, Art. 6 d. G. v. 19. VII. 1845, Art. 1 bis 4 d. V. v. 5. II. 1846 und Art. 14 d. G. v. 14. VII. 1856 ersetzt worden, und demgemäß werden zum Vortheil der Staatskasse für die Kosten der Verwaltung der Gemeinde- und Anstaltswaldungen von den Hauptnutzungen entweder 5 Pfennige auf die Mark des erzielten Hauptpreises, oder der zwanzigste Theil des Werthes der in Natur vertheilten Erzeugnisse erhoben, jedoch darf die von jeder Gemeinde oder jeder öffentlichen Anstalt zu bezahlende Summe nicht mehr betragen als 80 Pfennige auf das Hektar der ihnen gehörenden Waldungen.

Zur deutschen Zeit ist der Zehntschwindel außer Lauf gesetzt; gleichwohl kann derselbe bei Holzversteigerungen aus ungetheilten Waldungen gefordert werden, und alsdann war nachfolgende Vertheilung üblich:

1. Lag der Fall vor, daß der Staat mit einer Gemeinde oder öffentlichen Anstalt ungetheilten Wald besaß, so ward der Ertrag des Zehnten nach Verhältniß der Rechte vertheilt.

2. Hatte der Staat mit Privaten ungetheilten Wald, so mußte entweder verhältnißmäßig an den Verwaltungskosten eine Zusatz-Auflage dem Staate bezahlt werden, oder der Zehnte, welcher etwa ausbedungen wurde, fiel ganz dem Staate zu.

3. Waren Gemeinden mit Privaten in ungetheiltem Besitz, so mußten die Privaten gleich den Gemeinden dem Staate, welcher den ganzen Wald verwaltet, eine den Rechten entsprechende Summe bezahlen.

4. Besaßen mehrere Gemeinden einen Wald ungetheilt miteinander, alsdann war ihr Verhältniß gegen den Staat sammtverbindlich, und der Zehnte, wenn er in den Versteigerungen festgesetzt wurde, ward unter den Gemeinden nach Verhältniß ihrer gegenseitigen Rechte vertheilt.

Von den Nutzungsrechten in den Privatwaldungen.

Bezüglich der Privatwaldungen haben wir hier die Art. 119—121 in Betracht zu ziehen.

Art. 119 verbietet die Weide, Trift, Mast und Eichellese außer den von der Forstverwaltung für geöffnet erklärten Waldorten.

Die Verordnung v. 7. I. 1805 hatte bestimmt, daß das Weiderecht in den Privatwaldungen nur in den von den Forstbeamten als geöffnet erklärten Waldorten ausgeübt werden könne. Die Beibehaltung dieser Verfügung wurde allerseits anerkannt. Im Volkshause beantragte der Berichterstatter des Ausschusses, daß das Eichellese- und Mastrecht im Artikel mit Aufnahme finden möchte, damit alle und jede Art von Nutzungsrechten darin bezeichnet wären. Im Oberhause bemerkte ein Mitglied, daß es außer den bezeichneten noch andere Nutzungsrechte gebe,

z. B. das Recht auf Streulaub, und beantragte, daß dem Artikel der allgemeine Ausdruck hinzugefügt werden solle: „alle und jede andere Nutzungsrechte". Der Berichterstatter des Ausschusses entgegnete darauf, daß die Bestimmung des Art. 119 sich in der That auf alle Gerechtsame, deren Ausübung dem Gedeihen der Jungwüchse nachtheilig sein könnte, ausdehnen solle, daß es aber hinreichend sei, den Grundsatz aufzustellen, und daß seine Anwendung auf alle und jede Nutzungsrechte selbst dann nicht zweifelhaft sei, wenn er auch in der Bestimmung des Artikels nicht buchstäblich ausgedrückt wäre. Dabei ist zu bemerken, daß auf die Privatwaldungen auch die Art. 85 und 57 Anwendung finden, welche das Verbot: „Laub zu holen" in sich schließen.

Die Art, wie der Art. 119 vollzogen werden soll, ist in Art. 151 d. A. V. v. 1. VIII. 1827 vorgeschrieben.

Art. 120 erklärt alle Bestimmungen, welche die Art. 64. 66 Abs. 1. 70. 72. 73. 75. 76. 78 Abs. 1 u. 2. 79. 80. 83 und 85 dieses Gesetzes enthalten, auf die Ausübung der Nutzungsrechte in den Privatwäldern anwendbar.

Art. 121 verweist alle Streitigkeiten zwischen dem Eigenthümer und dem Nutzungsberechtigten vor die Gerichte.

Es kommen hier die Streitigkeiten in Betracht, welche aus den Bestimmungen der Art. 119 und 120 entstehen können.

Art. 119 anlangend, so kann zunächst bezüglich der aufzugebenden Waldorte gegen die Erklärung der Forstverwaltung Einspruch erhoben werden, da dieselbe auf die Waldungen der Privaten nicht mehr Einfluß als auf die des Staats hat. In letzterer Beziehung geht die Sache nach Art. 65 an den Bezirksrath; da aber dieser Artikel sich nicht unter der Zahl derjenigen befindet, welche Art. 120 auf die Ausübung der Nutzungsrechte in den Privatwaldungen anwendbar macht, so gehört der Einspruch, wenn von einem Privatwalde die Rede ist, zufolge der Bestimmung des Art. 121 vor die Gerichte.

Ebenso verhält es sich auch in Ansehung der Bestimmungen über die Anzahl des Viehes, welches nach Maßgabe des Zustandes und der Zulänglichkeit des Waldes auf die Weide getrieben werden darf.

Hinsichtlich der Bezeichnung der Wege, auf welchen das Vieh auf die Weide ein- und ausgetrieben werden soll, ist beantragt, den Einspruch bei dem Bezirksrathe zu gestatten, welches von dem Volkshause verworfen wurde.

Ein Mitglied des Volkshauses beantragte dem Titel über die Privatwaldungen zwei Artikel nachzufügen, dahin gehend, den Eigenthümern dieser Waldungen zu verbieten, Ziegen und Schafe darin weiden zu lassen. Dieser Antrag fand überall keine Unterstützung.

Aus dem Vorhergehenden erhellet, daß das Forstgesetzbuch sich in allen Theilen auf alte Gesetze und Verordnungen, namentlich auf die Verordnung von 1669, stützt, welche nur für das vormalige Frankreich, nicht aber für die später damit vereinigten Länder Elsaß-Lothringen Giltigkeit hatten. Wenn dabei die verschiedenen Rechtsgrundsätze, welche dort und hier bestanden, in Betracht gezogen werden, so kann es nicht auffallen, daß in dem Forstgesetzbuche Bestimmungen Aufnahme gefunden haben, welche den hiesigen Eigenthümlichkeiten keine Rechnung tragen. Wie jedes Gesetz, welches in die Eigenthumsrechte eingreift, Wunden schlägt, so würde das vorliegende besonders hier sehr verletzend gewesen sein, wenn nicht die Bestimmung des Art. 218 Abhilfe geschaffen hätte.

Art. 218 erklärt im 2. Absatz, daß die vor Erlaß des Gesetzbuchs erworbenen Rechte im Falle eines Streites nach den Gesetzen, Verordnungen 2c., deren Aufhebung für die Zukunft der 1. Absatz ausspricht, zu beurtheilen sind.

In dem Entwurfe bestand der Art. 218 nur aus dem ersten Absatze.

Mehrere Beamten hatten die Bemerkung gemacht, daß dieser Artikel den Vortheil der Vereinfachung einer verwickelten Gesetzgebung gewähre, daß aber der Gesetzgeber die Pflicht habe, seinem Werke alle mögliche Vollkommenheit zu geben, daß demnach die Schwierigkeiten, welche durch die allgemein ausgesprochene Aufhebung entstehen könnten, beseitigt werden müßten, da sonst Verordnungen, welche gesetzmäßig ihre Kraft verloren hätten, maßgebend bleiben würden.

Was die besondern Verordnungen für gewisse Gegenden betrifft, so konnte das Forstgesetzbuch, ohne in Weitläufigkeit zu verfallen, sich nicht damit befassen. Es liegt aber der Regierung ob, entweder durch Verordnungen oder durch besondere Gesetze für die etwa nothwendig werdenden Bestimmungen zu sorgen.

In dem Volkshause begründete der Regierungsbevollmächtigte den Entwurf mit Folgendem: „Es ist wohl möglich, daß einige Bestimmungen übersehen worden sind, aber einerseits verweist der Entwurf für die durch ihn nicht vorhergesehenen Fälle auf die gewöhnlichen Gesetzbücher, andererseits ist es besser Maßregeln, deren Nützlichkeit die Erfahrung lehren muß, vorzubehalten, als den Wirrwarr der Gesetzgebung bestehen zu lassen. Das vorgeschlagene Gesetzbuch ist bestimmt, für die Zukunft allein als Richtschnur zu dienen; aber durch die Anordnung, daß die gegenwärtigen bestehenden Gesetze auf Holzbewilligungen und auf das Nutzungsrecht anwendbar sind, wird keineswegs das Rechtsverhältniß geändert. Dies ist eine ausdrückliche und besondere Ausnahme, welche die allgemeine Verfügung nicht aufgehoben hat“.

Der Berichterstatter des Ausschusses entwickelte den Sinn des Gesetzes folgendermaßen: „Dem großen Grundsatze getreu, welcher die Rückwirkung der Gesetze verbietet, löscht der fragliche Artikel die alten Bestimmungen nur für die Zukunft aus, während er ihnen für die Vergangenheit ihre ganze Wirkung läßt. Die nothwendige Folge davon ist ohne Zweifel die, daß, wenn die alten Gesetze durch die Bekanntmachung des neuen Gesetzbuchs, in Betreff alles dessen was von diesem Augenblicke an geschehen wird, ihre Kraft verlieren, sie demungeachtet die Regel, und zwar die einzige Regel aller geschlossenen Verträge, und der unter ihrer Herrschaft erlangten Rechte bleiben. Sie sind der nothwendige Leitfaden der Gerichte, selbst für die Streitigkeiten, wozu späterhin diese Verträge und Rechte Anlaß geben können. Da jedoch der Ausdruck, dessen sich der Gesetzgeber bedient, niemals allzubestimmt und deutlich sein kann, so beantragen wir dem Artikel des Entwurfs einen zweiten Absatz beizufügen“. Dieser ist in oben angeführter Weise angenommen.

Der Regierungsbevollmächtigte erklärte im Oberhause,

daß der von dem Volkshause beliebte Zusatz als unnöthig angesehen werden könne, da die Gesetze nie zurückwirken und die Aufhebung nur für die Zukunft ausgesprochen sei, jedoch gebe der Zweifel, welcher sich über die Auslegung dieses Artikels erhoben habe, genugsam Veranlassung, denselben zu lösen.

Ablösung der Waldrechte.

Im Wirrwarr der Gesetze erkannte man die Gemeinschädlichkeit des Verfahrens, jeden einzelnen Streit zur gerichtlichen Entscheidung zu bringen, und suchte einen Weg, der auf einer gesetzlichen, festen und zuverlässigen Grundlage zum Bessern führe. Das Ziel lenkte auf Reinigung und Theilung; bot dieser Weg doch von Grund aus Abhilfe, und war er sogar nach der damaligen modernen Gesetzgebung, die sich in der französischen gesetzgebenden Volksversammlung am 4. VIII. 1789 Bahn brach und in dem Art. 815 des bürgerlichen Gesetzbuches weiteren Ausdruck fand, der auf dem Panner des Fortschritts einzig bezeichnete. Durch den Grundsatz der Theilbarkeit kam Ende des vorigen Jahrhunderts ein großer Theil der Bodenfläche von Frankreich in die Hände der ackerbauenden Bevölkerung, und es mag dieser Maßregel Frankreich einen großen Theil seines heutigen Wohlstandes und seiner Volkszunahme verdanken. Es können aber diese landwirthschaftlichen Erfolge nicht verleiten, den Theilungen auch in Waldangelegenheiten das Wort zu reden, um so weniger, da wir hier leider viele Beweise der Schädlichkeit dieses Verfahrens bezüglich der Staatswaldungen vor Augen haben. Wir verweisen nur auf die Schmälerung und Zersplitterung der Waldgrundfläche, wodurch ein einträglicher Forstbetrieb gefährdet wird, sowie darauf, daß die den Privaten zufallenden Abfindungsflächen meistens der Schacherei und Schlachterei anheimfallen, ja daß Waldverwüstungen, der Ausrodungen nicht zu gedenken, unvermeidlich sind, später darüber Weiteres vorbringend.

Wir sind damit keineswegs für die unbedingte Beibehaltung der Berechtigungen, halten vielmehr dafür, daß die Ablösung jeder Berechtigung geboten und dringendes

Erforderniß ist, wenn durch solche die Freiheit im Betriebe des Waldes eingeschränkt, gehemmt oder die Erzeugungskraft des Waldes gänzlich in Frage gestellt wird; wir können uns aber nicht mit der Ablösung der Berechtigung durch Waldabtretung und Theilung befreunden, und sind der Ansicht, daß in vieler Beziehung eine andere Art der Ablösung, namentlich durch eine Entschädigung in Geld für beide Theile nützlicher ist. Wir glauben zudem, daß zu Waldabtretungen und Theilungen genügende Gründe seltener vorhanden sind, als man gewöhnlich glaubt, und daß überall, wenn vorstehender Fall nicht zutrifft und die Opfer, welche der Eigenthümer den Berechtigten gewähren müßte, in keinem Verhältniß zu den durch die Berechtigungen veranlaßten Beeinträchtigungen stehen, jede Art der Ablösung der Berechtigungen nicht nur nicht geboten, sondern volkswirthschaftlich unrichtig ist.

Als das Forstgesetzbuch zur Berathung kam, hatte sich der Theilungsschwindel gelegt, und man muß zugestehen, daß nach den damaligen Anschauungen gesunde Grundsätze Geltung gefunden haben, daß namentlich die Ablösungsart nicht allein in Waldabtretung, sondern auch in Geldentschädigung festgesetzt ist. Wir wollen vorläufig nicht die Zweckmäßigkeit oder Unzweckmäßigkeit der einzelnen Bestimmungen untersuchen, sondern lediglich den gesetzlichen Standpunkt verfolgen.

Bezüglich der **Staatswaldungen** kommen die Art. 58. 63 und 64 des Forstgesetzbuchs in Anwendung, wovon Art. 58 bereits oben in Betracht gezogen ist.

Art. 63 ertheilt dem Eigenthümer das Recht, jede Holzberechtigung durch Abtretung eines Waldtheiles zu befreien, im Falle des Streites durch die Gerichte.

Dieser Artikel veranlaßte mehrere Bemerkungen von Seiten der Gerichts- und Verwaltungsbehörden. Einerseits wurde erklärt: das Nutzungsrecht sei ein dingliches Recht, ein Miteigenthumsrecht; dem Berechtigten könne das Recht, auf Ablösung und Theilung zu klagen, nicht abgesprochen werden; dieses Recht sei ihm durch den Art. 5 d. G. v. 28. VIII. 1792 zugesichert worden; er würde dasselbe nicht mißbrauchen, da die Ausübung des Nutzungsrechts ihm vortheilhafter wäre, als die Waldabtretung, zu welcher er nur seine Zuflucht nehme, um Streitigkeiten mit dem Eigenthümer zu vermeiden, der immer darauf ausgehe, das Nutzungsrecht zu beschränken. Andererseits, namentlich von mehreren höheren Gerichtshöfen und dem Cassationshof, wurde die Bestimmung des Artikels gebilligt und hervorgehoben, daß das Nutzungsrecht bloß eine Dienstbarkeit sei; daß der Berechtigte kein Recht auf das Eigenthum habe; daß der Belastete sich von der Dienstbarkeit befreien müsse; daß nach dem alten Rechte die Waldabtretung nicht von dem Berechtigten beantragt werden konnte, und daß es gut sei, wieder auf diesen Grundsatz zurückzukommen.

Das Gesetz v. 28. VIII. 1792, welches übrigens die Waldungen des Staats unerwähnt läßt, hatte in Absicht, die Gemeinden für die neue Ordnung der Dinge zu gewinnen; es stellte deßhalb den Grundsatz auf, daß die Berechtigten die Theilung des Eigenthums verlangen konnten.

Es kommt in Betracht, daß für die Waldungen des Staats die Waldabtretung nicht stattfand, weil die Nutzungsrechte in diesen Waldungen, je nachdem deren Erhaltung es erforderte, als beschränkbar und sogar als widerruflich angesehen wurden, und daß außerdem die Waldabtretung eine Zerstückelung des Staatsguts, mithin eine Art Veräußerung verursacht hätte, welche durch die Gesetze verboten war.

Ein Gerichtshof beantragte, daß das Gesetz die Grundlagen der Waldabtretung bestimmen möge, bemerkend, daß die Größe der Abfindungsfläche sehr verschieden angenommen sei, bald auf 1/3, bald auf 1/2, bisweilen sogar auf 2/3 der Waldgrundfläche, auf welcher das Nutzungsrecht lastete; daß, wie die Rechtskunde ergebe, die meisten Verleihungen unentgeldlich ertheilt worden seien, und daß es unbillig wäre, wenn der Nutzungsberechtigte eine größere Waldfläche als Abfindung erhalte, als dem Eigenthümer verbliebe. Der General-Prokurator pflichtete dem bei, sich auf alte Urtheile berufend, welche nur den vierten Theil als Abfindungsfläche zugestanden hätten.

Art. 128 des ersten Gesetzentwurfs setzte die Abfindung auf 1/3 des Werthes der Waldgrundfläche, auf welcher das Nutzungsrecht lastete, und zwar als höchste

Entschädigung, welche den Berechtigten sowohl in Waldgrund als in Geld zu bewilligen sei.

Die Begründung des ersten Gesetzentwurfs zu diesem Artikel sagt Folgendes:

„Diese Bestimmung entspricht mehreren Rechtskundigen und ist den in den Jahren 1531. 1553. 1555. 1590. 1621 u. 1663 erlassenen Beschlüssen gemäß, welche die Schonungsfläche für die Berechtigten auf 1/3 festsetzten, bemerkend, daß diese Schonungsfläche nicht in das Eigenthum der Berechtigten überging, sondern nur die Ausübung ihrer Rechte darauf beschränkte.

Die nach der Verordnung von 1669 eingeführte Waldabtretung hätte eine geringere Abfindungsfläche bestimmen sollen, weil sie zugleich den Berechtigten das Eigenthumsrecht zuerkennt und gewissermaßen an freier Verfügung ersetzt, was an Umfang entgeht. Auf diesen Grundsatz hin hat ein Beschluß vom Jahre 1778 den Berechtigten von 322 Acker nur 65, also 1/5 vom Ganzen zuerkannt; während die Beschlüsse v. 16. XII. 1727 u. 10. V. 1741 die Waldabtretung auf denselben Fuß festsetzte, welcher vormals für die Schonungsfläche bewilligt worden war, also 1/3 vom Ganzen.

Die Beschlüsse v. 24. V. 1726 u. 20. V. 1727 gingen in der Begünstigung der Berechtigten zum Nachtheil der Eigenthümer noch weiter, indem im ersten Fall den Berechtigten 167 Acker von 367, im zweiten Fall 11 Gemeinden 3/5 vom Ganzen zuerkannt worden sind.

Aus diesen Beschlüssen geht hervor, daß der vormalige Rath keine bestimmten Regeln in dieser Hinsicht hatte, und daß er nach den Rechten und den Bedürfnissen der Berechtigten entschied. Jedoch scheint es, daß der Genuß, welcher ein ausgedehnteres Recht als die Nutzung umfaßt, nie mehr als auf 1/3 des Eigenthums angeschlagen worden ist, und wenn nicht besondere Umstände vorliegen, so kann man die Waldabtretung nie größer als auf 1/3 der Waldgrundfläche, auf welcher das Genußrecht lastet, ansprechen.

Sind diese Bemerkungen in Ansehung der Privaten gegründet, so haben sie noch weit mehr Gewicht für den Fiscus. Thatsächlich fand auch die Waldabtretung nie in den königlichen Waldungen statt, und nie hat man die

Genußrechte in diesen Waldungen, in denen sie fast immer das Werk der Freigiebigkeit des Fürsten waren, mit den Genußrechten in den Privatwaldungen verwechselt, in denen sie gewöhnlich unter lästigen Bedingungen besessen wurden.

Der Fürst konnte die Genußrechte in den Waldungen seines Eigenthums einschränken, ja sogar aufheben, wie er solches in Betreff der Holzungsrechte durch die Verordnung von 1669 gethan hat. Die Privaten hatten aber nicht dasselbe Recht, weil die Genußrechte in ihren Waldungen, wie bemerkt, aus Verträgen unter lästigen Bedingungen entsprangen.

Indessen muß man hinsichtlich der Privaten sowohl als des Fiscus berücksichtigen, daß die Genußrechte so sehr an Ausdehnung gewonnen haben und gewinnen, daß zu befürchten steht, sie möchten am Ende das Eigenthum an sich ziehen, welches zur Annahme der im Artikel vorgeschlagenen billigen Maßregel bewegen muß."

Der Revisionsausschuß hat geglaubt, daß das Gesetz in dieser Hinsicht nichts bestimmen müsse, und daß es besser sei, den Gerichten zu überlassen, nach den Rechtsbeweisen zu urtheilen.

Da das Gesetz die bestehenden Rechte schonen soll, so mußte es die Ausübung derselben, soweit die Umstände es gestatten, mit der Erhaltung der Waldungen und den gerechten Ansprüchen der Berechtigten vereinbaren. Daher ist der Regierung durch den Entwurf erlaubt, den Wald vermittelst einer Waldabtretung vom Holzungsrecht zu befreien, jedoch mit der Vorschrift, daß diese Waldabtretung durch gegenseitige Uebereinkunft und im Falle des Streites durch die Gerichte bestimmt werden müsse.

Der Ausschuß des Volkshauses hatte beantragt, den von der Regierung vorgelegten Entwurf anzunehmen, wobei sie sich auf den Grundsatz stützte, daß die Nutzung nur eine Dienstbarkeit sei; daß derjenige, welcher sie dulden müsse, allein das Recht habe, darüber zu klagen, um die Ausübung derselben seinem Eigenthum so wenig als möglich nachtheilig zu machen; daß übrigens die Waldabtretung den Eigenthümer der Gefahr aussetze, sein Eigenthum zu theilen, und es zum Theil zu veräußern; daß wenn man ihm die Waldabtretung auferlege und ihn zwänge, sich ihr zu unterziehen, er genöthigt würde, sein Eigenthum zu zerstückeln.

Ein Mitglied des Volkshauses wünschte, daß die Nutznießer, deren Gerechtsame schon seit dem fünfzehnten Jahrhundert durch die sog. Schonung abgetheilt seien, in ihren solchergestalt bestimmten Gerechtsamen verbleiben möchten. Darauf erwiederte der Regierungsbevollmächtigte, daß sobald diese Nutznießer die Entscheidung des Fürsten für sich hätten, es außer Zweifel sei, daß die zu ihrem Vortheil erlassenen Beschlüsse auch vollzogen werden müßten.

Der Berichterstatter des Ausschusses im Oberhause wiederholt, daß der Genuß nur ein Dienstbarkeitsrecht sei.

Dem entgegen müssen wir hervorheben, daß in Elsaß-Lothringen nachweisbar vielerseits die jetzigen Waldberechtigten die Eigenthümer der früheren Markwaldungen waren, und daß die Gesetzgebung solchen Verhältnissen doch einigermaßen hätte Rechnung tragen müssen. Dieses ist leider nicht geschehen, und es dürfte deßhalb an der Zeit sein, die alten Sünden wieder gut zu machen.

Art. 64 gestattet den Loskauf aller übrigen Nutzungsrechte irgend welcher Art gegen Geldentschädigungen, welche in Güte, oder im Falle des Streites durch die Gerichte festzusetzen sind.

Indem man nicht erlaubte, sich der Waldabtretung als Mittel zu bedienen, um sich vom Weiderechte 2c. zu befreien, stützte man sich darauf, daß die Berechtigten in dem Theile des Waldes, welcher ihnen als Eigenthum überlassen würde, die Hülfsquellen der Weide nicht finden könnten, die ihnen der ganze Wald darbietet. Aus diesem Grunde hat auch der vormalige Rath die Waldabtretung für das Weiderecht nur selten zugestanden.

Viele Bezirkspräsidenten und Gerichtshöfe machten die Bemerkung, daß die Bestimmung, welche das Weiderecht vermittelst einer Entschädigung in Geld loszukaufen erlaube, vielen Einwohnern, namentlich den Bergbewohnern äußerst nachtheilig sein würde; daß die Entschädigung, welche übrigens bald verschwendet sein würde, nie die Hülfsquelle der Weide ersetzen könne; daß wenigstens, wenn die Bestimmung beibehalten würde, eine 5jährige Frist für die Aufhebung der Weide gestattet werden müsse. Der Ausschuß des Cassationshofes glaubte unter denselben Beweggründen das Gesetz auf den Satz zu beschränken, daß das

Weiderecht nur mit gegenseitiger Uebereinkunft durch einen Waldtheil abgelöst werden könne, und daß man den übrigen Theil des Artikels weglassen solle.

Man hat sich jedenfalls übertriebene Vorstellungen von den Nachtheilen des Loskaufs der Waldweide gemacht. Frankreich ist das nicht mehr, was es zu der Zeit war, in der dieses Recht bewilligt wurde. Der verbesserte Ackerbau, die vielen künstlichen Wiesen, der Futterbau, die Abschaffung der Brachen rc. gewähren mächtige Mittel die dürftige und zugleich verheerende Waldweide zu ersetzen. Dieses Nutzungsrecht, welches überall die Verheerung der Waldungen verursachte, würde nur eine schwache Hülfsquelle sein, wenn das Vieh nicht die jungen Sprossen abweidete, und übrigens ist bekannt, daß das Vieh, welches in den Provinzen gezogen wird, wo keine Gemeinweide stattfindet, weit schöner ist, als das, welches man in die Waldungen treibt. Heuer nach Einführung der Stallfütterung machen nur noch wenige berechtigte Gemeinden von der Waldweide Gebrauch, und es ist daher auch das Loskaufsrecht bedeutungslos geworden.

Der Ausschuß des Volkshauses sprach sich dahin aus, daß man die Befugniß des Loskaufs, welche durch das Gesetz v. 6. X. 1791 den Privaten zugestanden wäre, dem Staate nicht verweigern könne; daß man aber, da die strenge Ausübung dieser Befugniß an manchen Orten schlimme Folgen haben könnte, dem Art. 64 eine Bestimmung hinzusetzen müsse, welche, im Falle die Forstverwaltung das Weiderecht loskaufen wollte und das Bedürfniß der Berechtigten bestreiten sollte, diese ermächtige, sich an den Bezirksrath zu wenden, damit er nach angestellter Untersuchung über den Vortheil oder Nachtheil entscheiden könnte. Dieses wurde von verschiedenen Mitgliedern des Hauses unterstützt.

Ein Mitglied des Hauses sprach gegen die Geldentschädigung und beantragte, daß die Waldabtretung für das Weiderecht, die Eichelmast und die Eichellese, wie für das Holzungsrecht gestattet werden möge. Dieser Antrag wurde bestritten und von keiner Seite unterstützt.

Im Oberhause unterstützte ein Mitglied die getroffene Verbesserung des Volkshauses mit dem Bemerken, daß die dadurch dem Loskauf gesetzten Schranken vielleicht sehr nöthig seien.

Der Berichterstatter des Ausschusses, die durch das Weiderecht angerichteten Verwüstungen in Erinnerung bringend, hat geglaubt, daß das Recht, diese lästige Dienstbarkeit loszukaufen, dem Staate nicht verweigert werden könne. Dieses wurde von einem Mitgliede des Oberhauses unterstützt. Ein anderes Mitglied, ohne gegen den Loskauf etwas einzuwenden, beantragte, daß die Regierung von diesem Rechte nur einen mäßigen Gebrauch machen und nur als ein Mittel benutzen möge, um die Berechtigten zu einer weniger mißbräuchlichen Ausübung ihres Nutzungsrechts zu vermögen.

Nach anderen unwesentlichen Für- und Widerreden wurde der Loskauf von beiden Häusern angenommen.

Die von dem Ausschusse des Volkshauses beantragte Verbesserung, daß die Entscheidung über die Nothwendigkeit der Waldweide vor den Bezirksrath zu verweisen sei, veranlaßte weitere Erörterung.

Einerseits wurde diese Verbesserung bestritten und beantragt, die Streitigkeiten vor die Gerichte zu verweisen, und zwar aus dem Grunde, weil hier von einer Eigenthumsfrage die Rede sei. Dagegen wurde vorgebracht, daß über einen Gegenstand gemeinen Nutzens zu entscheiden sei.

Nachdem diese Frage zur Untersuchung dem Ausschusse zurückgegeben war, so wurde auf's Neue verhandelt, und im Volkshause der Vorschlag gemacht, die Entscheidung der im 2. Absatze des Art. 64 erwähnten Streitigkeiten dem gewöhnlichen Gerichte zu übertragen, weil nicht zweierlei Gerichtsbarkeiten für eine und dieselbe Thatsache statthaben könnten, und dieses der Fall sein würde, wenn der Einspruch bezüglich der Staatswaldungen beim Bezirksrathe und bezüglich der Privatwaldungen nach Art. 121 bei den Gerichten erlaubt sei. Dieser Antrag wurde jedoch verworfen.

Im Oberhause lag Widerspruch vor, man wollte jedoch die Bekanntmachung des Gesetzes nicht aufhalten, und nahm den Artikel mit dem ursprünglichen Verbesserungsantrage des Ausschusses an.

Der Verhaltungsbefehl der Forstverwaltung v. 4. II. 1813, auf die Erlasse v. 20. VII. 1808 und 12. VII. 1812 gegründet, hatte das Verfahren bei den Waldabfindungsgeschäften vorgeschrieben. Derselbe theilte die Geschäfte in vorbereitende und entscheidende. Erstere bestanden aber bloß im Aufnehmen bezw. in der Bestätigung des Plans vom Walde, in der Festsetzung der Gränzen und in der Ermittelung der Größe.

Die Ausführungs-Verordnung v. 1. VIII. 1827 verfügte, daß das ganze Geschäft, welches die Abschätzung der Nutzungsrechte, die Ermittelung der abzutretenden Waldtheile und die Abschätzung dieser Waldtheile an Grund und Boden betrifft, von den durch die Verwaltung ernannten Sachverständigen gemacht werden sollte. Da dieses Geschäft nicht entscheidend war, so stand dem Berechtigten das Recht zu, Einspruch zu erheben.

Alle diese in den Art. 112—116 enthaltenen Bestimmungen sind jetzt durch die am Schlusse mitgetheilten Verordnungen v. 12. IV. 1854 u. 19. V. 1857 ersetzt worden.

Bezüglich der **Gemeinde- und Anstaltswaldungen** finden Art. 111. 112 bezw. 58. 63. u. 64 d. F. G. B. Anwendung, wovon wir Art. 111 noch zu beleuchten haben.

Art. 111 legt die in Art. 63 dem Staate ertheilte Befugniß unter denselben Bedingungen auch in die Hände der Gemeinden und öffentlichen Anstalten hinsichtlich der ihnen gehörenden Waldungen.

Art. 63 bestimmt im 2. Absatze, daß die Klage auf Ablösung der Nutzung im Wege der Waldabtretung nur dem Fiscus (Eigenthümer) und nicht den Berechtigten zustehe. Dieses bezieht sich also auch auf die Gemeinde- und Anstaltswaldungen, und die Berechtigten können sich nicht mehr auf das Gesetz v. 28. VIII. 1792 berufen, welches ihnen die Klage auf Waldabtretung zugestand. Der Cassationshof hat bei Prüfung des Gesetzentwurfs die Bestimmung des Art. 111 aus dem Grunde genehmigt, weil bei der alten Gesetzgebung die Klage auf Waldabtretung dem Berechtigten nicht zustand und die Lage des Eigenthümers von der des Berechtigten insofern verschieden sei, als letzterer nur ein Dienstbarkeitsrecht und kein Eigenthumsrecht habe.

Da nun Art. 111 nur den Art. 63, welcher von der Holzberechtigung spricht, bezeichnet, so bleibt es fraglich, ob Art. 64 bezüglich aller übrigen Nutzungsrechte auf die Gemeinden Anwendung findet. Offenbar sollen die Gemeinden dieselbe Befugniß, wie der Staat haben, allein der mit der Durchsicht des Gesetzentwurfs beauftragte Ausschuß ließ im Art. 111 die Ziffer 64 aus, weil man nicht für dienlich erachtete, den Gemeinden und Privaten die Befugniß des Loskaufs der Weide- zc. Rechte zuzugestehen, zumal die Nutzungsrechte in deren Waldungen nur gegen Geld, in den Staatswaldungen dagegen unentgeldlich eingeräumt worden wären, und man folglich für letztere Maßregeln ergreifen könnte, welche für erstere nicht zulässig seien. Mehrere Gerichtshöfe und Forstbeamten machten aber die Bemerkung, daß die Waldweide ein verheerendes Recht sei und daß man deßhalb ein Mittel an die Hand geben müsse, die Waldungen jeder Art davon zu befreien. Der mit der Durchsicht des Entwurfs beauftragte Ausschuß erkannte die Wichtigkeit dieser Bemerkungen an; aber statt die Ziffer 64 dem Art. 111 beizufügen, ließ er dieselbe Ziffer im Art. 112 ausfallen. Diese Auslassung in Art. 112 hat ganz die nämliche Wirkung, welche die Hinzusetzung der Ziffer 64 zum Art. 111 gehabt hätte. Zudem wurde in Art. 145 der Ausführungs-Verordnung ausdrücklich die Ablösung sowohl durch Waldabtretung als durch Loskauf bestätigt.

Die Gemeinden und öffentlichen Anstalten haben also gleich dem Staate die Befugniß, das Weiderecht, welches etwa Private oder fremde Gemeinden in ihren Waldungen besitzen können, loszukaufen.

Art. 145 der Ausführungs-Verordnung bestimmte die Art des Verfahrens sowohl hinsichtlich der Waldabtretung als für den Loskauf des Weide-, Eichellese- und Eichelmastrechts in den Waldungen der Gemeinden. Dieser Artikel ist aufgehoben und durch die Bestimmungen der Verordnung v. 12. IV. 1854 ersetzt.

Bezüglich der **Privatwaldungen** kommen Art.

118. 120 bezw. 58. 63. 64 u. 111 d. F. G. B. in Betracht.

Art. 118 ertheilt den Privaten die Befugniß, ihre Waldungen von den Holzberechtigungen unter denselben Bedingungen frei zu machen, wie in Art. 63 bezüglich der Staatswaldungen festgesetzt ist.

Der Ausschuß des Volkshauses hatte keinen Einwurf gegen die Bestimmung des Art. 118 gemacht, vielmehr es für billig befunden, daß alle diese Rechte, gleichviel ob der Staat oder Private in Frage kämen, nach denselben Grundsätzen beurtheilt würden, da der eine wie der andere als Eigenthümer in den Augen des Gesetzes gleich zu achten sei.

Art. 120 fügt zudem, indem er die Bestimmungen des Art. 64 auf die Privatwaldungen ausdehnt, die Befugniß bei, die Weide-, Eichellese- und Eichelmastrechte gegen eine Geldentschädigung loskaufen zu können.

Bei der Verhandlung im Volkshause beantragte ein Mitglied, den Art. 64, welcher dem Staate die Befugniß gebe die Weiderechte ꝛc. loszukaufen, auf die Privaten nicht auszudehnen, indem das gemeine Interesse nicht erfordere, die Waldungen der Privaten eben so zu erhalten, wie die des Staats, dazu noch bemerkend, daß die Verträge zwischen Privaten vollzogen werden müßten und daß man die Verletzung dieser Verträge nicht durch das Gesetz verordnen dürfe. Der Berichterstatter des Ausschusses bemerkte darauf, daß Art. 64 alle nöthigen Vorsichtsmaßregeln enthalte, damit die Gemeinden ihre Weiderechte, wenn sie für nothwendig befunden würden, beibehalten könnten, weil im Falle des Streits über die Nothwendigkeit der Weide der Bezirksrath zu entscheiden hätte, daß übrigens schon Art. 8 d. G. v. November 1791 die Privaten ermächtige, die Weiderechte, welche auf ihrem Eigenthume lasteten, loszukaufen.

Im Falle des Streits über die Waldabtretung steht die Entscheidung den Gerichten zu, wie sogar bezüglich der Staatswaldungen Art. 63 verfügt. Zweifel über die Zuständigkeit kann jedoch Art. 120, welcher die Bestimmung des Art. 64 unbeschränkt auf die Privatwaldungen anwendet, hervorrufen, da die Streitigkeiten über die Nothwendigkeit der Weide in den Staatswaldungen vor den

Bezirksrath verwiesen werden. Hätte Art. 120 eine Veränderung dahingehend erhalten, daß der Ziffer 64 die Worte nachgefügt wären: „vorbehaltlich des 2. Absatzes", so würde jeder Zweifel gehoben sein. Aber die Verhandlungen des Volkshauses erklären, daß der Streit, welcher zwischen dem Eigenthümer eines Privatwaldes und einem Berechtigten über die Nothwendigkeit der Weide entsteht, vor die Gerichte gehört; denn der Antrag eines Mitgliedes des Volkshauses: „die Entscheidung solcher Streitigkeiten auch für Privatwaldungen dem Bezirksrathe zu übertragen, also den 2. Absatz des Art. 64 auf diese Waldungen auszudehnen", — wurde aus dem Grunde verworfen, weil keine Gleichheit der Personen statthabe und Streitigkeiten zwischen Privaten von den Gerichten zu entscheiden seien.

Einige Verbesserungen des Forstgesetzbuchs hinsichtlich der Regelung und Ablösung der Holzrechte.

Das Forstgesetzbuch könnte bezüglich der Waldrechte mancherlei Verbesserungen erfahren, allein ein zu weit gestecktes Ziel möchte zur Zeit wenig Aussicht haben erreicht zu werden. Indem wir daher von weit- und tiefgreifenden Neuerungen absehen, beschränkt sich unsere Aufgabe auf einige Verbesserungen des Forstgesetzbuches hinsichtlich der Regelung und Ablösung der Holzrechte, um damit wenigstens den dringendsten Anforderungen der Volks- und Forstwirthschaft zu entsprechen. Da bei der Berathung des Forstgesetzes der Regierungsbevollmächtige schon besondere Maßregeln, deren Nützlichkeit die Erfahrung lehren werde, in Aussicht stellte, so kann nach 50jährigem Bestehen des Gesetzes ein Vorgehen in fraglicher Beziehung nicht befremden.

Zunächst halten wir es für nothwendig, daß die forstliche Gesetzgebung die Zulässigkeit der Waldabtretungen und Theilungen nur in ganz besonderen Fällen einräumen möge.

Wir wollen den Grundsatz der Theilbarkeit im Allgemeinen nicht schmälern, aber für die Eigenthümlichkeit des Forstbetriebes paßt er nur in einzelnen Fällen. Je größer die Waldfläche, desto sicherer und zweckmäßiger der

Forstbetrieb. Offenbar sind Sicherheit und Schutzmaßregeln auf größeren Flächen leichter herzustellen, als auf kleineren. Je gefährdeter die Lage ist, desto größer muß die Fläche sein. Allerdings kann auch eine kleine Waldfläche unter Umständen sehr ergiebig sein, allein ein Nachhaltsbetrieb bedingt nach der Betriebsweise, nach der Natur und Lage des Waldes immer eine gewisse Größe. Ist diese ausreichend, so wird stets noch die Abfindung mit der Unzuträglichkeit verbunden sein, daß man nicht einen entsprechend großen Wald mit den zum Nachhaltsbetriebe erforderlichen Altersstufen zutheilen kann, nicht zu gedenken des häufig eintretenden Nachtheils, daß die Abfindungsfläche oder der dem Eigenthümer verbleibende Waldtheil nicht einmal ein zusammenhängendes Ganzes bildet, sondern in abgesonderten Theilen zersplittert wird, welche gar keinen regelmäßigen Betrieb mehr gestatten. Jedenfalls ist ein jährlich nachhaltiger, möglichst gleichmäßiger Holzbezug von kleineren Waldflächen in hohem Grade unsicher und oft unmöglich. Es sollte daher nur für ausgedehnte Holzberechtigungen eine Waldabtretung für zulässig erklärt werden.

Die Art. 63. 111. und 118 des Forstgesetzbuches machen keinen Unterschied weder in der Person der Berechtigten, noch in der Art der Berechtigungen. Es ist aber doch sehr wesentlich, ob es sich um ganze Gemeinden oder um einzelne Personen handelt, und ob eine Berechtigung zum Bezuge von Brennholz oder von Bau- und Nutzholz in Frage steht.

Handelt es sich um eine Gemeinde, so liegt es im Interesse, ja in der Pflicht des Staats, für die nachlebende, ewig bestehende Gemeinde zu sorgen, deren Vermögensbestand gegen Uebergriffe der lebenden Gemeinde zu sichern. Dasselbe findet bezüglich der öffentlichen Anstalten Anwendung. Diese Pflicht ist in vollem Maße durch Tit. 1 Art. 1 Ziff. 4 u. 5 und Tit. 6 Art. 90—112 des Forstgesetzbuchs hinsichtlich der bestehenden Gemeindewaldungen anerkannt und erstreckt sich selbstredend auch auf die aus Ablösungen entstehenden Gemeindewaldungen. Nach den eben beregten Bestimmungen des Forstgesetzes ist der Betrieb in den Gemeindewaldungen ebenso gesichert, wie in den Staatswaldungen, und es können daher in dieser Beziehung gegen die Ablösung der Holzberechtigungen der Gemeinden mit Wald keine Bedenken vorliegen.

Besonders wichtig ist es aber für eine Gemeinde, ihr täglich unentbehrliches Bedürfniß an Brennholz aus dem Walde entnehmen zu dürfen. Durch eine solche Gerechtsame kann man nicht ohne Weiteres einen Strich machen. Die Brennholzberechtigung ist eine Ueberlieferung der Vorzeit, welche dem Gehalte nach der Gemeinschaft gebührt und nur in der jeweiligen Ausübung den wechselnden Personen der Gesammtheit zu Gute kommen soll. Ihre Dauer soll sich nicht auf das vergängliche Dasein einzelner Menschengeschlechter beschränken, sondern sich auf die Nachkommenschaft für alle Zeiten erstrecken. Es kann den Gemeinden viel weniger auf den Bezug einer höheren Geldrente aus ihren Waldungen ankommen, als darauf, für ewige Zeiten Sicherheit zu haben, den unentbehrlichen Feuerungsbedarf nachhaltig befriedigen zu können. Die Brennholzberechtigung erschwert oder schädigt, wenn auf ein bestimmtes Maß zurückgeführt, die Forstwirthschaft nicht; und eignet sich zur Ablösung nur unter der Voraussetzung, daß unter einer anderen Form Zweck und Wesen derselben völlig erhalten bleibt. In den Berechtigungswaldungen muß sich der Eigenthümer den Ansprüchen der Berechtigten unterordnen, und so lange daher der Wald nachhaltig die Berechtigungsmasse liefern kann, sind die Berechtigten vorab gesichert. Mißlich wird dagegen die Lage für die Berechtigten bei Ablösung ihres Holzbezuges durch Abtretung eines Waldtheiles, da dieser nach dessen Kapitalwerth und nicht in der Größe bemessen werden soll, daß eine nachhaltige Deckung der Brennholz- rc. Berechtigung aus demselben gesichert bleibt. Ueber die Art und Weise der stattgehabten Abfindungen liegen denn auch abschreckende Thatsachen vor. Z. B.: Es war die Gemeinde Lützelstein in den Staatswaldungen der vormaligen Grafschaft Lützelstein, und zwar in dem in der Mark von Lützelstein liegenden Waldtheile von 1420,82 Hektar Größe, zum unentgeldlichen Bezuge von Bau- und Brennholz, Raff- und Leseholz, sowie zur Weide berechtigt. Die Herzöge von Pfalz-Zweibrücken als Grafen von Lützelstein hatten im Jahre 1769 der Gemeinde Lützelstein das Eigenthum von 1/3 des ganzen Berechtigungswaldes, also 473,61 Hektar, als Abfindung angeboten, allein die Gemeinde ließ sich zu ihrem großen Nachtheil, wie sie später erfahren mußte, nicht darauf ein. In den Jahren 1865—68 bezog dieselbe durchschnittlich jährlich allein an Brennholz 2177 Raummeter. Im Jahre 1869 wurde sie durch gerichtliche Feststellung auf Grund des Art. 63 d. F. G. B. mit einem Walde in 5 abgesonderten Theilen, überhaupt 236,21 Hektar umfassend, abgefunden, und bezog aus diesem ihrem Gemeindewald in den Jahren 1871—76 durchschnittlich jährlich 1518 Raummeter Bau-, Nutz- und Brennholz, eine Abgabemasse, welche nachhaltig der Wald nicht liefern kann. Die Gemeinde Lützelstein, welche vormals für ihre Nutzungsrechte keinerlei Abgaben zu leisten hatte, muß obendrein jetzt jährlich für ihren Gemeindewald zahlen:

an	Forstverwaltungskosten	188 M.	97	Pf.
„	Forstschutzkosten	318 „	80	„
„	Grundsteuer	865 „	42	„
„	Forstculturen und Wegebauten .	356 „	66	„
	überhaupt .	1729 M.	85	Pf.

Die Gemeinde Lützelstein ist demnach kaum mit der Hälfte der jährlichen Abgabenmasse, welche sie früher zu beziehen hatte, abgefunden. Soll das nicht abschrecken? — Die Gemeinde Lützelstein war nachweisbar Eigenthümerin der in ihrer Mark liegenden Waldungen gewesen, und dem hätte billig insoweit Rechnung getragen werden sollen, daß ihr ein Wald von solcher Größe abgetreten wurde, welcher möglichst nachhaltig die Berechtigung zu decken vermochte.

Man sollte doch niemals der geschichtlichen Wahrheit uneingedenk werden, daß viele der Gemeinden, um deren Rechte sich es im vorliegenden Falle noch handelt, vor Zeiten die Eigenthümer der jetzigen belasteten Staatswaldungen waren; und daß die Erinnerungen an das vormalige Markeneigenthum nicht nur vom Vater auf den Sohn bis zum lebenden Geschlechte sich fortgeerbt haben, sondern selbst noch in manchen Zügen der gegenwärtigen servitutischen Berechtigung zum Vorschein kommen.

Wir dürfen nicht vergessen, daß bei dem auf dem Wege der Eigenmacht erfolgten Uebergange der Wälder von den Markgenossenschaften an die Feudalherrschaften, der sog. Einbannung, also bei einem tiefen Eingriff in die alten Freiheits- und Eigenthumsrechte unserer Vorfahren, sachlich meistens mit der größten Schonung und Gerechtigkeit verfahren ist: insofern den alten Eigenthümern unter der Gestalt von Dienstbarkeiten die bisherigen Nutzungsrechte unverkürzt verblieben; wohingegen jetzt, in unserem so hoch gesitteten 19. Jahrhundert, die Form des Eingriffs in die bisherigen Rechtszustände zwar durch den beliebten und unschuldigen Gesichtspunkt einer Ablösung gewahrt erscheint, allein sachlich den berechtigten Gemeinden die empfindlichsten und in ihren Folgen verderblichen Wunden beigebracht werden.

Die rechtliche Zulässigkeit der Ablösung der fraglichen Rechte ist auf Grund des Forstgesetzes völlig unzweifelhaft. Wenn auch die sogenannten Gnadenverleihungen als Verträge zwischen Landesherren und Unterthanen aufzufassen sind, so unterliegen die darin verbrieften Rechte an sich der gesetzgebenden Gewalt in demselben Maße, wie alle sonstigen wohlerworbenen Rechte. Auch aus dem oben angedeuteten Gesichtspunkte, wonach hier und dort die Waldungen nicht als ein ausschließliches Eigenthum des Staats, sondern als ein gemeinschaftliches Eigenthum des letzteren und der Gemeinden gedacht ist, kann man die Zulässigkeit der Ablösung nicht bezweiflen. Allerdings ist nach der geschichtlichen Entwickelung, welche die Waldungen in Elsaß-Lothringen erfahren haben, festgestellt, daß viele Waldungen sich im Eigenthum der alten Gemeinden mit umfassenden Gau- oder Markverbänden befanden; indeß im Laufe der Zeit hat das, auch in den Urkunden ausdrücklich vorbehaltene Eigenthum des Staats, eine so feste und unzweifelhafte Gestalt angenommen, daß kein Erfolg davon erwartet werden kann, wenn dem Ablösungsantrage aus dem Grunde des Eigenthums- oder Nichteigenthums an den Waldungen widersprochen werden sollte.

Der Schwerpunkt der Ablösungsfrage liegt in der

Beschaffenheit der Abfindung, welche den berechtigten Gemeinden als Entschädigung für die Aufhebung ihrer Rechte an den Waldungen geleistet wird. Den gesetzlichen Vorschriften[1] ist genügt, wenn als Entschädigungswerth ein Waldtheil abgetreten wird, dessen Kapitalwerth dem Forderungskapitale gleichkommt, wenn zu dem Werthe des nackten Grund und Bodens der Werth des darauf befindlichen Holzes hinzugerechnet wird und wenn der Procentsatz für das Forderungskapital 5 beträgt, während der Entschädigungswerth, d. i. der abgetretene Waldtheil, namentlich bei Ueberweisung alter Bestände, nur höchstens 2 % betragenden Nutzungsertrag ergibt. Darnach könnte eine Brennholzberechtigung, die, in regelmäßigem Buchen-Hochwalde abgefunden, genau einen Waldtheil von 100 Hektar bedingen würde, gesetzlich entschädigt werden: durch 21 Hektar 100jährigen Buchenbestand, oder durch 5,9 Hektar 80jährigen Fichtenbestand, oder endlich auch durch nur 4 Hektar 140jährigen Eichenbestand. Dem Gesetze gemäß ist ein gleicher Werth der berechtigten Gemeinde geworden, aber statt der nach einem 5procentigen Zinsfuße in ein Geldkapital verwandelten Holzrente, ein Kapital in Holz, was sich nur mit 0,25 bis 1,75 % verzinst. Der Zinsenverlust ist durch die Verschiedenheit der Naturen zwischen Geldkapital und Holzkapital ein so bedeutender, daß die Gemeinde zur Annahme eines Geldkapitals, so verwerflich solches auch für die unentbehrlichen Brennholzbezüge ist, gezwungen wird.

Nach den gesetzlichen Vorschriften regiert bei Waldabfindungen der reine Zufall. Die Größe der Abfindungsfläche ist von den zeitigen Bestandesverhältnissen der Fläche abhängig. Ein zufälliger zeitiger Zustand für ewig dauernde Abfindungen sollte aber wenigstens für Gemeinden nicht maßgebend sein, noch ist es zu billigen, daß für ein nach dem fünfprocentigen Zinsfuße gebildetes Geldkapital durch ein Kapital an Holz, welches nur 1—2 Procente rentirt, ausgeglichen wird.[2]

[1] Art. 9, 13 u. 14 d. V. v. 19. V. 1857.

[2] Daß auch die Gerichte in fraglicher Beziehung eine billigere Ausgleichung anerkannten, beweist Folgendes: Die Gemeinde Lützelstein hatte gegen das Urtheil des Civilgerichts zu Zabern v. 20. I.

Wenn wir nun auch heuer von der Regierung erwarten dürfen, daß sie im Verordnungswege eine Vorschrift dahin erläßt, daß die den Gemeinden in Wald zu gewährende Abfindung nicht nach deren Kapitalwerth, sondern nach dem der Brennholz-Berechtigung gleich kommenden Ertragswerthe bemessen werde; so wird es doch immer schwierig bleiben, einen entsprechend großen Wald mit den zum Nachhaltsbetriebe erforderlichen Altersstufen zuzutheilen, und niemals kann gegen die nachtheiligen Einwirkungen der Stürme, der Feuerbeschädigungen, des Schneedrucks, der Insectenschäden 2c. Sicherheit gewährt werden.

Wie sehr die Bevölkerung die Ablösung der Holzberechtigung durch Waldabtretung verabscheuet, geht daraus hervor, daß alle seit 40 Jahren von der Forstverwaltung entworfenen Pläne[1] gescheitert sind, und daß bei gerichtlichen Feststellungen bis zur höchsten Behörde Einwurf erhoben wurde. Also von dieser Seite wird die Waldtheilung nicht angetrieben, vielmehr gewünscht werden, den Feuerungsbedarf in bisheriger Weise ungeschmälert beziehen zu dürfen.

Will man aber die Berechtigung zum Bezuge von Brennholz für die Gemeinden nach den bisherigen Verhältnissen beibehalten, so ist baldigst eine ausführliche Regelung derselben namentlich aus forstwirthschaftlichen

1865, wonach sie nur den 20fachen Werth des jährlichen Ertrages ihrer Gerechtsame am Walde mit aufstehendem Holze erhalten sollte, appellirt. Hierauf verordnete der Appellhof durch Beschluß v 22. I 1867, daß die Waldabtretung nicht zum 20fachen, sondern zum 25fachen Werth des jährlichen Ertrages der Holzgerechtsame stattfinden solle (also nicht 5-, sondern 4procentig). Zu gleicher Zeit hat auch der Appellhof zu Metz die nämliche Entscheidung in Sachen der Waldgerechtsame der Glashütte St. Louis oder Münzthal getroffen, und dieser Beschluß wurde durch den Cassationshof bestätigt. Wie selbst bei dem 25fachen Werth die Berechtigten hart geschädigt werden, haben wir bei Lützelstein gesehen.

[1] Als unter Finanzminister Fould der Verkauf sämmtlicher Staatswaldungen geplant wurde, verfügte derselbe mittelst Erlaß v. 9. V. 1857, daß sämmtliche auf denselben lastenden Holz- und Weidegerechtsamen abgelöst werden sollten, um beim Verkauf höhere Erlöse zu erzielen. Die Ablösung war durch den gerichtlichen Weg mit solchen Schwierigkeiten verbunden, daß inzwischen eine bessere Einsicht Eingang fand und der Plan des Verkaufs der Staatswaldungen aufgegeben wurde.

Gründen geboten, um nach einem festen Plan verfahren zu können.

Die ungemessene Brennholzberechtigung trägt die bedenklichen Schattenseiten einer Ungewißheit und eines steten Schwankens mit sich. Das dringende Bedürfniß, die Brennholzberechtigungsverhältnisse auf eine feste und sichere Grundlage zurückzuführen, wurde schon bei Berathung des Forstgesetzbuchs, besonders aber später, nachdem die gütliche Ablösung durch Waldabtretung allseitig scheiterte, erkannt, und führte damals hier und dort zur gerichtlichen Feststellung der Bedarfsmasse für die einzelne Haushaltung. Die der ganzen berechtigten Gemeinde gebührende Brennholzabgabe in eine unveränderliche zu verwandeln, war ohne den hülfreichen Arm einer einschneidenden Gesetzgebung eine äußerst schwierige und hatte nur in einzelnen Fällen Erfolg.

Behufs Ablösung mittelst Waldabtretung sind in Art. 4. 5 und 7 der Verordnung v. 19. V. 1857 die allgemeinen Regeln für die Verwandlung der unbestimmten Brennholzberechtigung in eine feststehende vorgeschrieben. Dieselben können für den vorliegenden Zweck Geltung behalten.

Da dieser Act der Verwandlung sowohl für den Belasteten, als auch für den Berechtigten sehr wichtig ist, so wird eine Erörterung des dabei zu beobachtenden Verfahrens angebracht sein.

Es ist unerläßlich, daß für die Zukunft die jährliche Brennholzabgabe (Ausgleichungsmasse, Aversum) nicht allein nach Raummeterzahl, sondern auch nach Holzart — Buchen, Eichen, Weich- und Nadelholz — und nach Sortimenten — Scheit-, Knüppel- und Reiserholz — genau bestimmt wird, und zwar aus dem Durchschnitt der in einer möglichst großen Anzahl von Jahren wirklich stattgehabten Abgabe.

In den meisten Fällen bezieht sich schon die Forderung auf Raummeterzahl, und bei Abgabe von Wellen ist die Anzahl der Wellenbunde auf Raummeter zurückgeführt. Gewöhnlich steht das Verhältniß 100 : 3, d. h. 100 Bunde zählen für 3 Raummeter.

Der Werthsunterschied der Holzarten und Sortimente ist so wesentlich, daß ohne Feststellung derselben große

Benachtheiligung der einen oder anderen Partei unausbleiblich sein würde. Das Verhältniß des Werthes z. B. von Buchen zu Weichholz, ebenso von Scheit zu Knüppel stellt sich etwa wie 2 : 1, und es kann also ein 2—4facher Werthsverlust in Frage kommen. Um Ausgleichungen zu treffen, müssen die aus öffentlichen Verkäufen festgestellten Taxen richtige Würdigung finden. Bezüglich der Sortimente kann noch ein Werthsunterschied in Scheit, ob reines, knorriges und anbrüchiges, in Knüppel, ob aus Durchforstungen oder aus Baumkronen, und in Reiserholz, ob Stamm= oder Abschlagwellen ꝛc., gestellt werden; allein derartige Besonderheiten würden zu weit führen und unpraktisch sein, vielmehr — um in dieser Beziehung gerecht zu sein, sich der Grundsatz empfehlen, daß das Brennholz-Aversum nach Maßgabe der im Jahresschlage vorkommenden Sortimente abgegeben werden solle.

Selbstredend kann in der Befugniß des Eigenthümers, im Falle der Unzulänglichkeit der Waldung die abzugebenden Holzmassen einzuschränken, durch die Feststellung der Brennholzberechtigungen nichts geändert werden, wie auch in Art. 5 d. V. v. 19. V. 1857 vorgesehen ist.

Eine andere nothwendige Aufgabe ist die Feststellung aller Gegenleistungen der berechtigten Gemeinde und die Verwandlung derselben in eine jährlich zu zahlende unveränderliche Geldauflage. Auch hierbei muß nach Durchschnittssätzen entschieden werden. Wie in Art. 7 d. V. v. 19. V. 1857 bestimmt ist, kommen dabei in Betracht:

1. die von den Berechtigten auf Grund der Titel bezahlten oder schuldigen Gegenleistungen;
2. der etwaige Antheil an den Schutzkosten, welchen sie jährlich bezahlt haben;
3. geeigneten Falles die Kosten der Arbeiten, die als Last auf die Berechtigungsschläge gelegt werden.

In die Ausgleichungssumme können die Holzwerbungskosten einschließlich etwaiger Rückerlöhne nicht mitgerechnet werden, weil diese als alljährlich veränderlich zweckmäßig für sich bestehen bleiben.

Da die eigenthümliche Seite der uralten Berechtigung, wonach sie von dem Grundbesitze abhängig war, bei den Gemeinden völlig verschwunden ist und sie sich jetzt auf das Einwohnerrecht der bürgerlichen Gemeinde stützt (Art. 122 d. A. V. v. 1. VIII. 1827); so liegen keine Bedenken vor, die auf vorstehende Weise gemessene Brennholzberechtigung ganz auf die bürgerliche Gemeinde dergestalt zu übertragen, daß dieselbe das Holz nicht um ihrer selbst, sondern um ihrer Angehörigen willen empfängt, und dasselbe unter diese alljährlich zur Befriedigung ihres häuslichen Bedarfs zu vertheilen hat. Die Verwandlung in der berechtigten Person, welche sachlich den Besitzstand des Rechts der Einwohner nicht schädigt, hat eine bürgerliche Seite, deren Folgen nicht zu unterschätzen sind. Zwischen den Wald und die einzelnen Bewohner tritt die Gemeinde als Vermittlerin; von ihr unmittelbar empfängt der Einzelne das Brennholz. In diesem Verhältniß liegt für die Zukunft eine moralische Stärkung des Gemeindelebens; nicht zu gedenken des Vermögenszuwachses der Gemeinden, welcher ihnen aus den etwaigen Ueberschüssen erwächst nach Befriedigung des häuslichen Bedarfs der Gemeindeangehörigen.

Die der bürgerlichen Gemeinde gebührende Brennholzabgabe soll für die Zukunft in einem unveränderlichen, und auch im Falle eines durch Zuwachs der Bevölkerung vermehrten Bedarfs nicht zu erhöhenden Aversum bestehen. Dieses kann den Anschein haben, daß dadurch die berechtigten Gemeinden benachtheiligt würden, allein nach dem rechtlichen Standpunkt der Verhältnisse ist diese Frage bereits gelöst, auch trifft eine solche Voraussetzung in Wirklichkeit nicht zu.

Wir haben schon oben in dem Kapitel über die Nutzungsrechte in den Staatswaldungen unter der Beleuchtung des Art. 65 d. F. G. B. gesehen: daß das Nutzungsrecht auf einem Walde des alten Staats-Eigenthums festgesetzt und eingeschränkt werden konnte; daß lediglich die Schwierigkeit, alle bezüglichen Gegenstände durch das Gesetzbuch zu bestimmen, bewogen hat, den Artikel, welcher die Nutzungsrechte und deren Umfang ein- für allemal feststellen sollte, wegzulassen; daß man übrigens mit der Ablösung durch Waldabtretung alle Unzuträglichkeiten leicht überwinden zu können hoffte.

Nach Art. 58. 63. 111 u. 118 d. F. G. B. kann

sich der Waldeigenthümer von jeder Holzberechtigung durch Abtretung eines Waldtheiles befreien, und es wird insbesondere der jährliche Betrag des Brennholzrechts laut Art. 4 d. V. v. 19. V. 1857 nach Durchschnittssätzen bestimmt, die aus einer möglichst großen Anzahl von Jahren zu nehmen sind. Es kommt also die Vergangenheit, nicht aber die Zukunft in Betracht. Derselbe Grundsatz, welcher für die Waldabtretung vorgesehen ist, wird folgerecht auch für die Regelung der Brennholzberechtigungsverhältnisse maßgebend sein müssen, jedenfalls liegt keinerlei rechtliche Verbindlichkeit vor, auf etwaigen Zuwachs der Bevölkerung Rücksicht zu nehmen.

Betreten wir nun die berechtigten Gemeinden, welche meistens im Gebirge liegen, so finden wir durchweg im Verhältniß zur Größe der Feldmark eine Uebervölkerung, die namentlich in Mißjahren bedenklich hervortritt, ja vielerseits sehen wir schon die Bevölkerung auf der Grenze angelangt, wo sie in das Proletariat übergeht. Ein so geringes Maß der Subsistenzmittel, wie wir in den Gebirgsgegenden wahrnehmen, muß mehr und mehr zur Auswanderung antreiben, und es wird daher eher ein Ab- als ein Zuwachs der Bevölkerung zu gewärtigen sein.

Ein ersichtlicher Vortheil für die berechtigten Gemeinden liegt aber von vornherein darin, daß das festgestellte Brennholz-Aversum, nur soweit erforderlich, zur Befriedigung des wirklichen häuslichen Bedarfs alljährlich unter die Gemeindeangehörigen zu vertheilen ist, und daß daher bei vielen einzelnen mit anderen Familien zusammenwohnenden Personen Ersparniß durch Verminderung der Quote gemacht werden kann, während im Wege der Berechtigung ohne Ansehen der persönlichen Verhältnisse, sofern nur die Rechtsmerkmale vorhanden sind, die Bedarfsmasse gleichmäßig gewährt werden muß.

Wer Brennholz für den eigenen Bedarf überwiesen erhält, muß befugt sein, willkürlich darüber zu verfügen. Es würde daher die lästige Bestimmung des Art. 83 des Forstgesetzbuchs, wonach den Berechtigten verboten ist, das ihnen überwiesene Holz zu verkaufen oder zu vertauschen oder es zu irgend einem andern Zwecke zu verwenden, als wozu das Nutzungsrecht bewilligt ist, — wegfallen. Der

Einzelne soll nicht mehr im Abhängigkeitsverhältniß zur Forstherrschaft stehen, noch in seiner Verfügung beschränkt sein; er soll vielmehr in der Angehörigkeit an die Gemeinde seine Stütze finden und in der Entbindung aller Fesseln seine Stärke fühlen.

Es dürfte daher die Regelung der Brennholzberechtigungsverhältnisse in vorbezeichneter Weise der Gerechtigkeit und der Zweckmäßigkeit vollkommen entsprechen.

Im Uebrigen verweisen wir auf das Kapitel, welches von den Nutzungsrechten in den Staatswaldungen handelt, insbesondere auf die Beleuchtung des Art. 65 d. F. G. B.

Ganz andere Gesichtspunkte treten bezüglich der Bau- und Nutzholzberechtigung auf.

Das Recht zum Bauholzbezuge, früher eine Grunddienstbarkeit (Realservitut), ist an die Person der Bewohner einer berechtigten Gemeinde ohne alle Rücksicht auf Grundbesitz geknüpft. Dasselbe begreift bei eintretendem Bedürfnisse sowohl das Holz zu Reparaturen, wie zu Neubauten. Ebenso wie beim Brennholze, steht das Recht nur den Besitzern derjenigen Häuser zu, welche vor dem Gesetze v. 4. VIII. 1789 erbaut waren, ohne daß die Dimensionen und Construktionen festgestellt sind. Auch kann wie dort der Waldeigenthümer sich von dieser Berechtigung durch Abtretung eines Waldtheiles befreien.

Die bezüglichen Verleihungen beruhten auf dem Grundsatz, den Bewohnern das Bauholz besonders zu Neubauten zu gewähren, um ihnen das Niederlassen im Walde billig und leicht zu machen. So lange das Holz noch werthlos war und die Urwälder reichlich Bauholz spendeten, standen dem Bezuge desselben keine Hindernisse entgegen, und die gewiß im starken Wachsen begriffenen Ansprüche auf Bauholzabgaben mochten in der uneingeschränktesten Weise Befriedigung finden; nachdem aber im Lauf der Zeit der Wald in sein Recht als wichtiger Faktor im wirthschaftlichen Leben eingetreten war und ein regelmäßiger Betrieb Eingang fand, konnten die übertriebenen Anforderungen und Verwendungen von Bauholz nicht mehr geduldet werden. Aus einzelnen scharfen Bestimmungen muß man schließen, daß der Mißbrauch in der Anforderung von

Bauholz sich bis zu einem hohen Grade gesteigert hatte. Art. 83 und 84 des Forstgesetzbuchs und Art. 123 der Ausführungsverordnung enthalten die jetzt geltenden Vorschriften über die Anforderung, Veranschlagung, Verabfolgung und Verwendung des Bauholzes. Gleichwohl sehen wir in den zum Bezuge von Bauholz berechtigten Gemeinden, daß die Anordnungen der Verschwendung von Bauholz nicht vorgebeugt haben. Statt massiver Gebäude, welche in dem hiesigen steinreichen Lande leicht und billig herzustellen sind, finden wir mit Holz überladene Fachwerke, ja hier und dort sogar förmliche Blockhäuser. Die übertriebenen Anforderungen und Verwendungen von Bauholz haben denn inzwischen dahin geführt, daß mehr oder weniger die Wälder von Bauholz entblößt sind. Wo völlig Garaus gemacht ist, wie z. B. in den Lützelsteiner Grafschaftswaldungen, da besteht Ruh und Frieden; wo aber hier und dort sich Bauholzreste finden, die noch theilweise das Bedürfniß decken können, da herrscht ewiger Streit über die Vertheilung. Es ist sehr schwierig hier den richtigen Weg zu treffen, denn wollte man die verfügbare Bauholzmasse alljährlich an die Berechtigten nach der Zeitfolge ihrer Anforderungen vertheilen, so würden die plötzlich durch Einsturz oder Brand in dringende Bedürftigkeit gesetzt werdenden Berechtigten zurückstehen müssen; andererseits können Neubauten nicht ohne Schädigung der Reparaturen Berücksichtigung finden; läßt man endlich den höchsten Grad der Bedürftigkeit entscheidend sein, so leidet der Schein der Gerechtigkeit; obendrein sind außer den vielen Abweichungen wesentliche Schmälerungen der nach den Bauplänen erforderlichen Holzmassen unausbleiblich, was große Verlegenheiten bereitet.

Zur Zeit wird zwar der Zwischenbau der Bauhölzer, namentlich der Eiche, sehr gefördert; allein ehe davon die Berechtigten Nutzen ziehen, können ganze Dorfschaften in Trümmern liegen, und wer bürgt dafür, daß noch nach 100 Jahren das Berechtigungsverhältniß mit der verschwenderischen Bauholzverwendung besteht. Wir denken nicht daran, sind vielmehr überzeugt, daß der Bürger mehr und mehr eine freie unabhängige Stellung erstrebt, namentlich die Fesseln seines wirthschaftlichen Handelns abzuwerfen sucht, daß er dem Fortschritt huldigen, also auch die Zweckmäßigkeit des Massivbaues erkennen wird, wovon ihn bisher das Bauholzrecht abhielt. Wenn wir Umschau halten, so sehen wir, daß schon viele einsichtsvolle und bemittelte Bürger sich den entsetzlichen Weiterungen und widerwärtigen Vorschriften zum Bezuge von Bauholz entzogen und unter Außerachtsetzung ihres Rechtes in zweckmäßiger Weise Bauten ausgeführt haben. Der Arme muß sich wohl in Unterthänigkeit fügen, ist schon zufrieden, wenn einige ihm gnädigst bewilligte Sparren zeitweise den Einsturz seiner Hütte schützen, während doch auch er das Selbstbewußtsein in sich trägt.

Die Nutzholzberechtigung steht nur in ganz vereinzelten Fällen den Gemeinden zu. Den Bewohnern sollten ursprünglich die Bedürfnisse des Haushalts gewährleistet werden, und an diesem Gedanken hielt man auch beim Nutzholze fest, so daß die Berechtigung sich über den Bedarf in Haus und Familie nicht erstreckte, also auf Bedürfnisse des Gewerbes rc. nicht ausgedehnt worden ist. Wo letzteres, wie z. B. in den Dachsburger rc. Waldungen, vorkommt, muß ein Anschlagspreis gezahlt werden. Das Forstgesetzbuch wird wohl diese Berechtigung, ihrer Seltenheit wegen, nicht ausdrücklich erwähnt haben.

Im Uebrigen müssen wir auf dasselbe hinweisen, was bei der Bauholzberechtigung hervorgehoben ist.

Als der blinde Eifer für das Volkswohl sich gegen die Waldungen kehrte und von der stärkeren Benutzung derselben die Linderung der Volksnoth erwartete, dachte man nicht daran, daß dadurch die Grundlagen, auf denen die Gesellschaft ruht, verrotten könnten; hielt man doch den Wald für eine unversiegbare Quelle der Subsistenz. Blicken wir jetzt auf die thatsächlichen Folgen, so sind durch solche Mittel einige Hütten in dem Dorfe weiter gebaut, und einige Arme mehr erzeugt, ohne Nutzen für den Staat, ohne Segen für die Menschheit. Ein treffendes Bild der Versunkenheit liefern die Gemeinden in den Dachsburger Waldungen, welche zu Brenn-, Bau- und Nutzholz berechtigt sind. Man gab den Ansiedlern einen kleinen Grundbesitz und ausgedehnte Nutzungsrechte in dem abgelegenen und unzugänglichen Waldgebirge. In hoher Lage auf magerem Boden konnte der Ackerbau trotz des Waldgenusses nur ein kümmerliches Dasein fristen. Um den Unterhalt zu heben, bewilligte man Nutzholz zur Verfertigung von Geschirr und zum Sägemühlenbetrieb. Bemittelte siedelten sich nicht dort in der Wildniß an, wo es ihnen obendrein nicht möglich gemacht war, mit einiger Aussicht auf besseren Erfolg zu leben; nur die Aermeren ließen sich durch die Erwerbung eines Besitzes dazu verleiten. Die Cultur des Bodens erforderte aber besondere Kräfte, welche sie nicht anzuwenden vermochten. Die Verfertigung von Holzgeschirr gewährte keine dauernd sichere Erwerbsquelle, während die Sägemühlen nur Gelegenheit zur Verschleuderung ihrer Nutzholzbezüge boten. Sie mußten wesentlich ihren Unterhalt auf den Kartoffelnbau gründen, und in dem Verhältniß, als die Nahrung auf Kartoffeln zurücksank, schwand körperliche Kraft und Ausdauer. Eine nothwendige Folge dieses Mißstandes war dann Stumpfsinn und thierische Sorglosigkeit, das Versinken in Brutalität und Demoralisation. Muth und Trieb zum Erwerb sank mit dem Sinn für Eigenthum und Ehre. Die Höfe wurden mehr und mehr zersplittert. Der starke Holzbezug bestärkte den Leichtsinn und brachte das Sprichwort: „wie gewonnen, so zerronnen" zur That. So hat die Zahl der Höfe immer abgenommen, und das System der Hütten und Felsenhöhlen ist in steter, mächtiger Ausbreitung begriffen. In diesen Schlupfwinkeln brüten Laster und Verbrechen, und wo, wie dort, ganze Massen der Bevölkerung auf so ganz unvollkommene Stützen der Subsistenz hinabsinken, da liegen die Gefahren für das Allgemeine zu Tage.

Vom forstlichen Standpunkt müssen wir uns schon aus Interesse für die höchstmögliche wirthschaftliche Ausnutzung der Waldungen gegen die Beibehaltung der Bau- und Nutzholzrechte erklären, der vielen Beschwerlichkeiten, welche damit verknüpft sind, nicht gedenkend; allein wir wollen hiervon ganz absehen und nur darauf Gewicht legen, daß sich diese Rechte überhaupt überlebt haben und daß sie, so tief sie auch mit den Sitten und Gewohnheiten der Bevölkerung verwachsen sein mögen, den unabweislichen Forderungen einer neuen Zeit Platz machen müssen. Das drückende Abhängigkeitsverhältniß des Berechtigten zum

Eigenthümer muß endlich schwinden; frei wie jeder andere Bürger muß er zur Wahlurne schreiten. 1789 hat man dem Feudalwesen das Grab gegraben, jetzt schmeiße man die letzten Reste desselben hinein. Das ist schon lange der Wille des Gesetzgebers gewesen, ertheilt ja das Forstgesetzbuch dem Eigenthümer die Befugniß, die Waldungen von jeder Holzberechtigung durch Abtretung eines Waldtheiles zu befreien; aber wohin wir auch blicken, sehen wir, daß diese Bestimmung keine großen Früchte getragen hat. Nicht der Eigenthümer, sondern der Berechtigte ist dem abgeneigt, weil ihm ein Waldtheil als Abfindung in Aussicht gestellt wird, welcher nachhaltig die Bedarfsmasse nicht mehr liefern kann. Will die Gesetzgebung zu der Maßregel der Ablösung der in Rede stehenden Rechte schreiten, dann erfordert Recht und Billigkeit, daß den Gemeinden als Ersatz für ihre Rechte ein Vermögensobjekt gewährt werde, mit dessen Benutzung ihre wirthschaftliche Wohlfahrt dauernd erhalten werden kann. Könnte man nun ihnen einen entsprechend großen Wald mit den zum Nachhaltsbetriebe erforderlichen Altersstufen zutheilen, dann ginge wohl noch die Waldabtretung ohne große Unzuträglichkeiten für dieselben; aber es hängt von den dermaligen Bestockungsverhältnissen der zur Abtretung passenden Waldorte des belasteten Waldes ab, welcher Ersatz gewährt werden kann, und ob überall der Abfindungswald Bau- und Nutzhölzer liefern wird. Wenn, wie oben nachgewiesen ist, die zusammenhängenden Waldungen nicht mehr alljährlich die Berechtigungsbedürfnisse an Bau- und Nutzholz zu befriedigen vermögen, so kann doch unmöglich e i n Waldtheil den Anforderungen entsprechen. Der Forderung der Berechtigten ist gesetzlich Genüge geleistet, wenn ihnen ein Werthobjekt im Walde im 20fachen Betrage des Jahreswerthes ihrer Gerechtsame zugetheilt wird (Art. 9. 10. 13 u. 14 d. V. v. 19. V. 1857). Dabei soll die Zulänglichkeit des Waldes maßgebend sein (Art. 5 d. V. v. 19. V. 1857). Die Berechtigten müssen sich also mit einer Waldabfindung begnügen, wie die dermaligen Bestockungsverhältnisse mit sich bringen, gleichviel ob die Bedürfnisse an Bau- und Nutzhölzer Befriedigung finden oder nicht, wenn nur deren Werth dem 20fachen Betrage des Jahreswerthes der Gerechtsame entspricht. Die Abfindung kann mit Buchen oder anderen Holzarten bestockt sein, welche nicht zu Bau- oder Nutzholz verwendbar sind; eine Betriebsart erfordern, welche die Bau- und Nutzholzzucht ausschließt; gleichalterig bestanden sein, so daß nur zeitweise die Bedürfnisse zu befriedigen sind; unter den günstigsten Verhältnissen aber niemals die Eigenschaft haben, daß der Betrieb ausschließlich auf die Bau- und Nutzholzzucht zu erstrecken ist. Die Empfänger werden daher gezwungen, aus ihrem Abfindungswald die Nutzung mehr oder weniger ganz zu verkaufen und mit dem Erlös anderweit die Bedürfnisse zu erstehen. Zu dieser Unzuträglichkeit kommt, daß dieselben die Kosten der Verwaltung, der Culturen ꝛc. und obendrein die Gefahr tragen müssen. Die Nachtheile, welche auf diese Weise durch die Theilung der Waldungen, bezw. durch die Bewirthschaftung kleiner Waldkörper entstehen, haben wir schon oben bei der Ablösung der Brennholzberechtigung beleuchtet, und müssen dem noch hinzufügen, daß sie in fraglicher Beziehung, der geringeren Abfindung wegen, schärfer hervortreten.

Man könnte nun einwenden, daß die Bau- und Nutzholzberechtigungen mit der Brennholzberechtigung gemeinsam zu behandeln seien, allein dem steht entgegen, daß diese Rechte selten in der Hand einer Person vereinigt und von gleichem Umfang sind, daß aber auch in diesem Falle die vorstehenden Unzuträglichkeiten für die Berechtigten sich nicht wesentlich mindern, daß andererseits die Bau- und Nutzholzberechtigungen bei einem geregelten Wirthschaftsbetriebe nicht bestehen bleiben können und mit der gehörigen Ausnutzung des Waldes unvereinbar sind.

Will nun der Eigenthümer seinen Wald frei von dieser unhaltbar gewordenen Belastung wissen, so kann nur eine Abfindung mittelst eines Geldkapitals stattfinden. Das Geld ist der allgemeine Werthmesser, welcher eine sichere und in vorliegender Beziehung auch eine billige Grundlage gewährt.

Unzulässig muß es erscheinen, das Geldkapital den berechtigten Einwohnern zu überweisen, weil in den meisten Fällen den Nachlebenden davon nichts zukommen würde. Den berechtigten Einwohnern steht nur die zeitliche Nutznießung zu, welche durch Abfindung der Gemeinde für ewige Zeiten gesichert werden muß. Der Staat hat die Pflicht, das Vermögen der Gemeinde zu schützen und für die nachlebende Gemeinde zu erhalten. Die Kapitalabfindung müßte daher der bürgerlichen Gemeinde geleistet werden und deren freier Verfügung gleich dem sonstigen Gemeindevermögen unterliegen. Die Gemeinde soll als ein möglichst innig verbundenes und als ein möglichst freies Ganzes erscheinen, dessen gemeinschaftliches Vermögen seiner Natur nach ein Fideicommiß ist, wovon die Benutzung zwar dem lebenden Geschlechte zusteht, dessen Substanz aber unantastbar dem kommenden Geschlechte zu überliefern ist. Wo die Wirthschaft und Subsistenz des Einzelnen durch den Mangel einer Erwerbkraft bedroht ist, da muß die Gemeinde ihre Kraft einlegen. Wo schmutzige Schlupfwinkel sind oder eine armselige Hütte zusammenbrechen will, da hat die Gemeinde für den Aufbau einer gesunden Wohnung zu sorgen. Wo der Einzelne außer Stand ist, seine Subsistenz zu vermitteln, da tritt, wofern die Kräfte der Familie nicht hinreichen, für die Gemeinde die Pflicht der Unterhaltung in irgend einer zweckmäßigen Weise ein. Dazu fehlten bislang den ohnehin unglücklich gestellten Gebirgsgemeinden alle Mittel. Die Geldabfindung bietet die Gelegenheit, dem wahren Gesammtwillen der Gemeinde die ihm gebührende möglichst gesicherte Herrschaft zu verleihen, ihm ein lebenskräftiges Dasein und ein lauteres Organ zu verschaffen. Die Abfindung kann durch Kapitalabtrag oder Rentenzahlung geleistet werden. Letzteres wird sich der Sicherstellung wegen für Gemeinden empfehlen. Es ist dabei nicht ausgeschlossen, daß über den Maßstab der Vertheilung der Rente unter die einzelnen Gemeindeangehörigen für jede Gemeinde von dem Gemeinderathe unter Leitung der Kreisdirektion ein Regulativ aufgestellt wird, welches der Genehmigung des Bezirkspräsidenten unterliegen mag. Dieses kann im Verordnungswege vorgeschrieben werden.

Es gibt Leute in den waldreichen Gebirgsgegenden, deren Anschauungen sich nicht über ihre Armuth erheben, und die in der Abhängigkeit Glück und Zufriedenheit finden, wenn sie nur ihrem augenblicklichen, selbsteigenen Vortheil nachgehen können. Von diesen ist denn auch nicht zu verwundern, daß sie sich gegen die Ablösung ihrer Rechte sträuben, insbesondere gegen die Geldabfindung vorbringen, daß alsdann das Bau- und Nutzholz nur für hohe Preise oder vielleicht gar nicht mehr zu haben sei. Darauf muß bemerkt werden, daß das Holz als Handelsartikel unter allen Umständen seinen Preis behauptet, daß durch den Kleinverkauf Jedermann seinen Bedarf in der einen oder anderen Gegend erstehen kann, daß der Wald durch die Ablösung die höchstmögliche wirthschaftliche Ausnutzung zuläßt, also nicht weniger, sondern mehr Holz, namentlich aber mehr Bau- und Nutzholz liefern wird, daß die Bewohner in ihrem Besten zu verständigen Bauarten und damit zur Holzersparniß angetrieben werden, daß endlich die Gebirgsbewohner, schon der Nähe des Waldes wegen, Vorzüge behalten und nicht so leicht in Verlegenheit kommen können.

Es gibt aber auch Leute, welche in wohlmeinendem Sinne der Meinung sind, daß die alten Holzrechte die Grundlage der wirthschaftlichen Wohlfahrt von ländlichen Gemeinden bilden. Ob diese Meinung ihre Berechtigung hat, können wir dahin gestellt sein lassen, und uns einfach auf die Thatsache beschränken, daß die Berechtigungswaldungen den Anforderungen an Bau- und Nutzholz nicht mehr nachhaltig Genüge leisten können, daß schon seit längeren Jahren dadurch die Berechtigten geschädigt sind, und daß dieses mit den Jahren zunehmen wird. Unter solchen Umständen ist es doch wohl zum Besten der Gemeinden angebracht, aus dem Schiffbruche zu retten was nur möglich ist. Was helfen alte wohlerworbene Rechte, wenn sie nichts einbringen.

Wir haben in vielen Gemeinden die Ansichten über vorliegende Frage kennen gelernt und können bestätigen, daß der einsichtige Theil der Berechtigten überall einer Ablösung den Vorzug gibt, wonach die Bau- und Nutzholzberechtigung mittelst einer Geldrente beziehungsweise eines Kapitals abgefunden wird, wohl erkennend, daß eine gerechte Geldabfindung für alle Berechtigten mit nicht geringen Vortheilen verbunden sein würde, auch ein auf diese

Weise gewonnenes Kapital als eine wünschenswerthe Verbesserung ihrer ökonomischen Verhältnisse betrachtet.

Demnach liegt es im Interesse der Gemeinden baldigst zur Geldabfindung zu schreiten, und will man deren Bestes, so muß man den Grundsatz zu befestigen suchen, daß als Ersatz für ihre Rechte ein Geldkapital gewährt werde, dessen Rente dem vollständig entspricht. Wenn in Rücksicht gezogen wird, daß erfahrungsmäßig der Geldwerth im Laufe der Zeit sinkt, während der Holzwerth steigt, so dürfte es billig erscheinen, daß das Kapital nach einem mäßigeren Zinsfuße berechnet wird, als gesetzlich vorgeschrieben ist, und daß der Preis des Holzes höchstens aus einem Durchschnitte der Verkaufsergebnisse der letzten fünf Jahre ermittelt wird. Dieses kann im Verordnungswege geschehen.

Die Ermittelung der Bau- und Nutzholzrente aus den wirklich ausgeführten Abgaben für lange Zeiträume gewährt die größte Sicherheit, wenn hierüber die Rechnungen sorgfältig geführt sind und sonst keine Willkürlichkeiten und Unrechtfertigkeiten seitens des Belasteten vorliegen (Art. 3 Abs. 2 d. V. v. 19. V. 1857).

Wir gehen hiernach zu den Holzrechten über, welche einem einzelnen Privatmanne in den Waldungen zustehen.

Für einen einzelnen Privatmann treten besondere Gesichtspunkte auf.

Art. 544 d. B. G. B. stellt den wichtigen Grundsatz auf, daß man das Eigenthum auf die unumschränkteste Weise benutzen und darüber willkürlich schalten und walten kann, vorausgesetzt, daß man keinen durch Gesetze oder Verordnungen untersagten Gebrauch davon mache. Bezüglich der Privatwaldungen hat das Forstgesetzbuch bezw. das Gesetz v. 18. VI. 1859 nur die Ausstockung beschränkt, im Uebrigen freie Hand gelassen. Der Eigenthümer kann seinen Wald nach Willkür theilen, abholzen und verwüsten.

Die Waldungen sind in der großen Haushaltung der Natur die Magazine des Kohlenstoffs, die Schutzgewölbe des Lebens, die Organe, welche die Wechselwirkung zwischen der Erdoberfläche und der Atmosphäre vermitteln. Viele Länder tragen allbekanntlich schon die Strafe ihrer übermäßigen Lichtung und Rodung. Die Cultur auf den Antillen ist durch dieselbe auf das Höchste bedroht, ganze Flächen Schottlands sind, nachdem die natürlichen Saugwerke verschwunden, der Vermoorung anheimgefallen, die Hochebene Kastiliens, unter den Mauren ein blühender Garten, ist fast zum öden Steinfeld geworden, in Süd-Frankreich mißrathen in neuerer Zeit nach allgemeiner Klage die Ernten häufiger wegen großer Sommerdürre. Elsaß-Lothringen hat zwar noch einen genügend großen Waldbestand, allein gleichwohl ist es Thatsache, daß durch Lichtung, Rodung und Verwüstung im Walde viele Wasserreservoirs verschwunden sind, viele Quellen matter springen, viele Bächlein häufiger vertrocknen, daß der Wasserstand der Flüsse im Sommer bedeutend gesunken ist, und daß durch den schnellen Abfluß des Wassers jedesmal bei starken Regengüssen zerstörende Ueberschwemmungen erfolgen. Dazu kommt, daß die Holzpreise zu einer Höhe gestiegen sind, auf der sie das Bestehen ganzer Industriezweige bedrohen, auf jede Privatökonomie drücken. Bedarf es wohl der Ausführung, daß hier nicht weiter gegangen werden darf? Wie die Waldungen, die unsere Gebirge bedecken, bei unsern Vorfahren den Göttern heilig waren, so müssen sie wieder den Mächten, welche den Wohlstand des Volkes schützen, geweiht bleiben.

Es gibt einen blinden Eifer für das Volkswohl, der alle allgemeinen Bedingungen desselben dem Bedürfniß des Tages opfern möchte, einen Fanatismus der Cultur, der, wenn man ihn gewähren ließe, die Welt zur Wüste machen würde.

Bei der Berathung des Forstgesetzbuchs sagte der Regierungsbevollmächtigte von Martignac im Volkshause: „er müsse die Meinung des Mitgliedes bestreiten, welches bemerkt habe, daß ein Land nie reicher sei, als nach der Zerstörung seiner Waldungen, er habe vielmehr die Ueberzeugung, daß die Erhaltung der Waldungen von der größten Wichtigkeit für die Wohlfahrt der Völker sei. Man kenne die traurigen Folgen der trügerischen Theorie, die man im Jahre 1791 [1] triumphiren ließ. Wenn man beweisen könne,

[1] Das Gesetz v. 29. IX. 1791 erlaubte den Eigenthümern, ihre Waldungen willkürlich zu behandeln.

daß der Waldboden sich vergrößert oder verbessert habe, daß seine Cultur größere Hoffnungen darbiete, daß die Privatwaldungen besser geschont und gepflegt würden, daß keine oder wenige Urbarmachungsgesuche einliefen, sowie daß die Waldungen weniger zerstückelt seien und daß die Eigenthümer nachhaltig wirthschafteten; dann wolle er anerkennen, daß man die Grundsätze von 1791, welche mit Recht durch die Gesetzgebung vom 29. IX. 1803 umgestoßen worden seien, wieder in Anschlag bringen könne. Allein nichts von alledem finde statt: der französische Waldboden bestehe aus 6½ Millionen Hektar, davon liege mehr als die Hälfte in's Unendliche zerstückelt in den Händen von Privatpersonen."

Halten wir hier Umschau in den Privatwaldungen, so sehen wir ja leider allerseits in grellen Farben, wohin die Habsucht geführt hat und noch täglich führt: die Zukunft wird dem Interesse des Augenblicks geopfert, wenn auch die ganze Gegend zu Grunde geht.

Das forstliche Gewerbe hat das Eigenthümliche, von dem Betriebe der Landwirthschaft sehr Verschiedene, daß das Einkommen viel weniger aus dem Boden-Kapitale, als aus dem bedeutenden forstlichen Betriebs-Kapitale, von welchem nur der Zuwachs genommen werden darf, abhängt. Der Landwirth hat jährliche Erfolge, der Forstwirth kann auf solche nur nach längeren Jahren rechnen. Wenn nun beim Forstbetriebe ein sehr bedeutendes nicht anzutastendes Holzkapital Bedingung ist, dem landwirthschaftlichen Betriebe ein erheblich kleineres Kapital genügt, so ist es erklärlich, daß die Forstwirthschaft nur von großen Kapitalisten betrieben werden kann, daß also das forstliche Gewerbe wenigstens bei einem Nachhaltsbetriebe mehr für den Staat und für Gemeinden als für den Privatmann sich eignet.

Aus dem Vorhergehenden wird erhellen, daß es an der Zeit ist, die weitere Theilung der Waldungen durch Ablösung der den einzelnen Privaten darin zustehenden Holzrechte gesetzlich unmöglich zu machen und dafür den Loskauf gegen Geldentschädigung eintreten zu lassen.

Es wird entgegnet werden können, daß dem Einzelnen dasselbe Recht wie der Gemeinde gebühre, daß also für jene wie für diese wenigstens die Brennholzberechtigung durch Abtretung eines Waldtheiles abgelöst werden müsse. Wir wollen zunächst die Grundsätze vorbringen, welche bei der Berathung des Forstgesetzbuchs bezüglich der Erhaltung der Waldungen im Volkshause allgemeine Anerkennung fanden: „die Waldungen sind ein Gegenstand erster Nothwendigkeit; es ist Pflicht für eine weise Regierung, auf alle mögliche Art ihren Untergang zu verhindern; der Regierung steht das Recht zu, für die Erhaltung der Waldungen Maßregeln zu treffen, welche das allgemeine Interesse fordert". Die Gemeindewaldungen sind gesetzlich geschützt, während über die Privatwaldungen eine unumschränkte Benutzungsweise waltet. Die Bevormundung und Erhaltung des Gemeindevermögens liegt im Interesse des Staats und besteht, während der Privatmann über sein Vermögen frei schalten kann. Es kann daher der Privatmann nicht die Berücksichtigung verdienen, welche man der Gemeinde schuldig ist. Hr. von Saint-Gery sagte im Volkshause: „Nichts ist dem Menschen angenehmer, als das thun zu können was ihm gefällt; jedoch muß er sich gewissen Opfern unterwerfen, wenn er in der Gesellschaft leben will". Wenn nun nach Art. 545 d. B. G. B. im allgemeinen Interesse das Eigenthum gegen Entschädigung abgetreten werden muß, so kann doch auch für Private der Loskauf ihrer Holzrechte aus Gründen des öffentlichen Wohles nicht unbillig erscheinen.

Einen wesentlichen Vortheil hat der Privatmann bei der Ablösung seiner Holzrechte durch Abtretung eines Waldtheiles, indem er sofort den Waldbestand versilbern kann und dann den Waldboden mehr oder weniger als Geschenk in Kauf erhält. Aber gerade diese Schacherwirthschaft darf im allgemeinen Interesse nicht geduldet werden. Könnte man dem Privatmanne den Nachhaltsbetrieb auferlegen, so würde er in derselben Weise wie die Gemeinden sich gegen die Waldabtretung sträuben. In dieser Voraussetzung wird denn auch der Privatmann durch den Loskauf nicht geschädigt, da das Geldkapital bei richtiger Verwendung höhere Zinsen als die Waldwirthschaft abwirft.

Man kann sagen, daß die Gewerbtreibenden durch Loskauf ihrer Holzrechte zu Grunde gehen müßten und darunter ganze Ortschaften leiden würden. Wir glauben das Gegentheil, denn durch Vermehrung des Betriebskapitals kann nur das Gewerbe gewinnen, während bei Waldabtretung der Einzelne sein Schäfchen für sich im Trocknen scheert. Wer sich davon überzeugen will, halte nur Umschau, und er wird die Wahrheit leider zum großen Nachtheil des Allgemeinen gar zu häufig bestätigt finden.[1]

[1] Mit der Gemeinde Zillingen, Bezirk Lothringen, hat die Forstverwaltung in gütlichem Wege unter Zugrundelegung der aus den 20 Jahren von 1855 bis 1874 ermittelten durchschnittlich jährlichen Holzbezügen und Gegenleistungen, sowie der aus den 3 Jahren von 1872 bis 1874 berechneten Bauholzpreise — am 31. März 1878 folgenden Fixations-Vertrag abgeschlossen:

1. Die Gemeinde Zillingen verzichtet vollständig auf alle Nutzungsrechte, welche derselben bisher in den Staatswaldungen der vormaligen Grafschaft Lützelstein zustanden, insbesondere auf das Recht zum Bezuge von Bauholz, Brennholz, Raff- und Leseholz und auf etwaige andere Nutzungen gegen folgende Feststellung.

2. Die Gemeinde Zillingen erhält aus den Staatswaldungen im Eschburger Banne, Oberförsterei Lützelstein-Süd, jährlich ein Brennholz-Aversum von 500 Rmtr. nach Maßgabe der in den Jahresschlägen vorkommenden Holzarten und Sortimenten, jedoch sollen davon

mindestens 340 Rmtr. aus Buchenholz und nur 160 Rmtr.
aus Eichen-, Weich- oder Nadelholz, mindestens 320 Rmtr.
aus Derbholz (Scheite und Knüppel) und nur 180 Rmtr.
aus Reiserholz, 100 Stück Wellen zu 3 Rmtr. gerechnet,

bestehen.

3. Die Fällung und Aufarbeitung des beregten Brennholz-Aversum ist lediglich Sache der Forstverwaltung. Diese überweist dasselbe bis zum 15. April jeden Jahres an den Bürgermeister von Zillingen zur willkürlichen Verwendung für die bürgerliche Gemeinde.

4. Statt der bisherigen Gegenleistung an Forstzins, Brennholzgroschen und Wegeauflage zahlt die Gemeinde Zillingen im Ganzen jährlich die unabänderlich fixirte Summe von 403 Mark.

5. Die von der Forstverwaltung festzustellenden Kosten für Fällen, Aufarbeiten und Rücken des Holzes, sowie den im Artikel 4 festgestellten Gegenleistungsbetrag zahlt die Gemeinde vor der Abfuhr des Holzes an die Forstkasse.

6. Für das zeitherige Recht zum Bezuge von Bauholz erhält die bürgerliche Gemeinde Zillingen eine unabänderliche Entschädigung von jährlich 282 Mark zur willkürlichen Verwendung, welcher Betrag derselben bei Entrichtung ihrer Zahlungsverbindlichkeiten von der Forstkasse ausgezahlt werden wird.

7. Die Gemeinde Zillingen verzichtet hiermit auf alle weiteren Gerechtsamen in den Staatswaldungen der vormaligen Grafschaft Lützelstein, sie mögen Namen haben, welchen sie wollen, soweit dieselben

Im Uebrigen verweisen wir auf das Kapitel, welches von den Vergünstigungen in den Staatswaldungen handelt.

Wir sind der Meinung, daß die im Vorhergehenden bezüglich der Regelung und Ablösung der Holzrechte dargelegten Grundsätze nicht nur auf die Staats-, sondern auch auf die Gemeinde- und Privatwaldungen Anwendung finden, daß also die Art. 58. 63. 65. 111. 112 und 118 des Forstgesetzbuchs eine entsprechende Abänderung erleiden, und zwar aus dem Grunde, um ein übereinstimmendes Verfahren für alle Waldungen beizubehalten.

Die Raff- und Leseholzberechtigung ist deßhalb außer Acht geblieben, weil dieselbe den Belasteten in einem so unerheblichen Grade schädigt, daß deren Abstellung nicht angebracht erscheint, zumal die ärmste Klasse der Bevölkerung dadurch hart betroffen wird. Diese wie auch die Berechtigungen auf den Bezug von Schneedruck-, Windfall-, Windbruch- und Lagerholz, auf Stock- und Wurzelholz &c. können übrigens nach Aehnlichkeit der angeführten Berechtigungen zur Regelung bezw. Abfindung kommen.

Der nachfolgende Gesetz-Entwurf steht in Uebereinstimmung mit den Ablösungs-Grundsätzen des Forstgesetz-

---

nicht das im Artikel 2 festgestellte Brennholzrecht und die im Art. 6 bezeichnete Bauholz-Entschädigung betreffen.

8. Die Kosten des gegenwärtigen Vertrages trägt die Forstverwaltung.

&c. &c.

Zillingen, den 28. April 1878.

Herrn Oberförster von Bodungen zu Lützelstein.

P. P.

Sie haben erfahren müssen, wie schwierig es ist, mit den Bürgern unserer Gemeinde zu unterhandeln. Jetzt aber habe ich den Auftrag von sämmtlichen Bürgern, Ihnen vielen Dank zu sagen, für die große Ausdauer, mit welcher Sie den Fixations-Vertrag zu Stande gebracht haben. Alle Bürger sind sehr zufrieden über den Vertrag, und das wird Ihnen ja auch lieb sein.

&c. &c.

Der Bürgermeister.
Krob.

buchs, verfolgt nur, um schneller und ersprießlicher das Ziel zu erlangen, unter einer anderen Form Zweck und Wesen derselben, ohne daß bei Ausführung seiner Bestimmungen Rechtsverletzungen zu befürchten sind.

Gesetz=Entwurf.

Artikel 1.

Der fünfte Absatz des Artikels 58 des Forstgesetzes vom 21. Mai 1827 erhält folgende Abänderung:

Wird ihr Rechtstitel durch die Gerichte für giltig erkannt, so sollen solche Verleihungen in den Staatswaldungen fortan nur durch eine zu leistende Kapitalzahlung, welche in Güte oder im Falle des Streites durch die Gerichte festzusetzen ist, abgefunden werden können. Die Klage auf Abfindung steht nur der Regierung zu.

Artikel 2.

An Stelle des Artikels 63 des Forstgesetzes vom 21. Mai 1827 treten folgende Bestimmungen:

§ 1. Die Regierung kann die Staatswaldungen von jeder Holzberechtigung ablösen, und zwar durch gütliche Vereinbarung oder im Falle des Streites durch die Gerichte.

§ 2. Die Ablösungs=Entschädigung für die Holzberechtigungen, welche bisher von allen Einwohnern einer Gemeinde rechtmäßig ausgeübt sind, ohne mit einem bestimmten berechtigten Grundbesitze verbunden oder im rechtmäßigen Besitze gewisser Genossenschaften oder einzelner Einwohner zu sein, steht der politischen Gemeinde zu.[1]

§ 3. Die der politischen Gemeinde zustehende Abfindung der Brennholzberechtigung ist in bestandenen Theilen des belasteten Waldes zu gewähren, wenn das abzutretende und das verbleibende Waldland nach den örtlichen Verhältnissen, nach seiner Umgebung und seinem Umfange zur forstwirthschaftlichen Benutzung geeignet bleibt.

Ist nach vorstehenden Bestimmungen eine Verpflichtung zur Abtretung von bestandenen Theilen des dienenden Waldes nicht vorhanden, so soll möglichst nach Art. 3 dieses Gesetzes die Fixation eintreten und nur im Falle der völligen Unzu=

[1] Die Ausführungs=Verordnung muß feststellen, ob und inwieweit Abtheilungen von Gemeinden durch dieses Gesetz getroffen werden.

länglichkeit der Waldung die Abfindung nach den Vorschriften des folgenden Paragraphen erfolgen.

§ 4. Die Abfindung für alle übrigen abzulösenden Holzberechtigungen erfolgt durch Kapitalzahlung.

§ 5. Die Klage auf Ablösung steht nur der Regierung zu.

§ 6. Die vorstehenden Bestimmungen finden auch nach Maßgabe der Artikel 111. 113 und 118 des Forstgesetzes auf die Gemeinde-, Anstalts-, ungetheilten und Privat-Waldungen Anwendung.

Artikel 3.

An Stelle des Artikels 65 des Forstgesetzes vom 21. Mai 1827 treten folgende Bestimmungen:

§ 1. In allen Staatswaldungen, welche nicht durch Waldabtretung oder Kapitalzahlung gemäß den Artikeln 63 und 64 des Forstgesetzes vom 21. Mai 1827 bezw. Artikel 3 dieses Gesetzes von den Nutzungsrechten abgelöst sind, kann durch die Verwaltung

1. die Ausübung derselben stets nach Maßgabe des Zustandes und der Zulänglichkeit des Waldes beschränkt, sowie ohne diese Befugniß zu beeinträchtigen
2. jede ungemessene Berechtigung in eine gemessene umgewandelt und fixirt werden.

§ 2. Die Fixation erfolgt unter gleichförmiger Anwendung der in den Artikeln 2—5. 7 und 8 gegebenen Vorschriften der königl. Verordnung vom 19. Mai 1857, und hat den Zweck, den Umfang der ungemessenen Berechtigungen sowohl, als auch die etwaigen, den Berechtigten obliegenden Gegenleistungen ein für alle Mal nach Maßgabe des rechtmäßigen Besitzstandes festzustellen.

§ 3. Berechtigungen, welche bisher von allen Einwohnern einer Gemeinde rechtmäßig ausgeübt sind, stehen der politischen Gemeinde zu, sofern sie nicht mit einem bestimmten berechtigten Grundbesitze verbunden oder im rechtmäßigen Besitze gewisser Genossenschaften oder einzelner Einwohner sind.

§ 4. Die der politischen Gemeinde gebührende Brennholzabgabe soll für die Zukunft in einem unveränderlichen, und auch im Falle eines durch Zuwachs der Bevölkerung vermehrten Bedarfs nicht zu erhöhenden, in Raummetern festzustellenden Aversum bestehen, jedoch mit Ausschluß der Entnahme von Raff- und Leseholz.

§ 5. Nach stattgehabter Fixation tritt das in Art. 83 des Forstgesetzes ertheilte Verbot außer Kraft, und jeder, welcher Brennholz für den eigenen Bedarf überwiesen erhält, ist befugt, willkürlich darüber zu verfügen.

§ 6. Falls über die Zulänglichkeit und den Zustand des Waldes, sowie über die Fixation Streit entsteht, geht die Sache an den Bezirksrath, vorbehaltlich der Berufung an den kaiserlichen Rath.

§ 7. Die vorstehenden Bestimmungen finden nach Maßgabe des Artikels 112 des Forstgesetzes auf Gemeinde- und Anstaltswaldungen Anwendung.

Zusammenstellung der geltenden Gesetze und Verordnungen über die Waldrechte.

Bürgerliches Gesetzbuch. Buch II. Tit. III. Kap. 2. Von dem Gebrauche.

Art. 636. Das Gebrauchsrecht in Holzungen und Waldungen wird durch besondere Gesetze bestimmt.

Forstgesetzbuch vom 21. Mai 1827. Tit. III. Von den Staatswaldungen.

Abschnitt 7. Von den Zuwendungen aus den Staatswaldungen, welche auf einem besonderen Rechtstitel beruhen.

Art. 58. Die Holzabgaben, schlag-, raummeter- oder stammweise, welche Gemeinden, gewerblichen Anstalten oder Privatpersonen ungeachtet der in den damals bestehenden Gesetzen und Verordnungen enthaltenen Verboten zugestanden worden sind, werden noch ferner bis zum Ablauf des durch die Verleihungsurkunden bestimmten Zeitpunkts vollzogen, wofern derselbe sich nicht über den 1. September 1837 hinauserstreckt.

Die ungeachtet jener Verbote entweder auf immer, oder ohne Zeitbestimmung, oder auf längere Zeit als bis zum 1. September 1837 ertheilten Verleihungen sollen mit diesem Tage ihre Wirksamkeit verlieren.

Die Inhaber dieser Verleihungen, welche behaupten, daß ihr Rechtstitel nicht durch jene Verbote betroffen werde und daß ihnen derselbe ein unwiderrufliches Recht gewähre, müssen, bei Verlust ihres Rechts, innerhalb des Jahres, welches auf die Verkündigung gegenwärtigen Gesetzes folgt, sich an die Gerichte wenden, um darüber entscheiden zu lassen.

Wird ihr Anspruch verworfen, so bleiben sie dennoch im Genuß ihrer Verleihung, und zwar bis zu dem im 2. Absatz dieses Artikels festgesetzten Zeitpunkte.

Wird ihr Rechtstitel durch die Gerichte für giltig erkannt, so hat die Regierung die Befugniß, die Staatswaldungen von solchen Verleihungen, wie auch die Natur und die Dauer derselben sein mag, mittelst Abtretung eines Waldtheiles zu befreien, dessen Umfang in Güte, oder, wenn Streitigkeiten entstehen, durch die Gerichte festzustellen ist, und zwar für die ganze Dauer der Verleihung. Die Klage auf Waldabtretung kann nicht von den Berechtigten angestellt werden.

Art. 59. Die Verleihungen für den Betrieb eines Eisenhammers oder sonstiger gewerblicher Anlagen erlöschen völlig, von Rechtswegen und für immer, wenn das Werk während zwei nach einander folgenden Jahren stillsteht, außer in den Fällen, in welchen giltig bewiesen werden kann, daß dieses Stillstehen von einer überlegenen und nicht zu vermeidenden Gewalt herrührt.

Art. 60. In Zukunft sollen keine von den in den zwei vorhergehenden Artikeln genannten Verleihungen mehr bewilligt werden.

Königl. Verordnung zur Ausführung des Forstgesetzbuches vom 1. August 1827. Tit. II Absch. 8.

Art. 109. Wenn Holzabgaben vermöge besonderer Verleihungen schlag- oder stammweise geleistet werden müssen, so dürfen die Berechtigten den Einschlag erst dann beginnen, nachdem ihnen von dem Oberförster die Anweisung und Uebergabe regelmäßig und schriftlich ertheilt worden ist.

Die Ausmessung, das Baumzeichnen, ebenso die Nachmessung und Nachschau soll von den Forstverwaltungsbeamten auf dieselbe Art und mit denselben Vorbehalten vollzogen werden, wie für die Schläge in den Waldungen des Staats.

Die Inhaber der Verleihungen haben hinsichtlich des Einschlages des Holzes, welches ihnen auf solche Weise überwiesen wird, alles zu beobachten, was den Steigerern in den Waldungen des Staats für die Ausnutzung und Räumung der Schläge vorgeschrieben ist.

Art. 110. Wenn Holz in Raummetern abgegeben werden soll, so wird dieses den Steigerern der Schläge als Verbindlichkeit auferlegt, und die Inhaber der Verleihungen dürfen das Holz, auf welches sie Anspruch haben, erst dann abführen, nachdem die Abzählung zwischen ihnen und dem Steigerer in Gegenwart des Oberförsters vollzogen ist.

Art. 111. Wenn der Werth des Holzes, welches den Berechtigten abzugeben ist, abgeschätzt werden soll, so muß die Abschätzung durch einen vom Bezirkspräsidenten ernannten Forstverwaltungsbeamten und durch einen vom Holzberechtigten ernannten Sachverständigen geschehen. Im Falle sie getheilter Meinung sind, so soll vom Präsidenten des Landgerichts ein dritter Sachverständiger ernannt werden.

F. G. B. v. 21. V. 1827. Tit. III.

Abschnitt 8. Von den Nutzungsrechten in den Staatswaldungen.

Art. 61. Nur diejenigen können ein Nutzungsrecht in den Waldungen des Staats ausüben, deren Rechte am Tage der Verkündigung gegenwärtigen Gesetzes durch Erklärungen der Regierung oder durch rechtskräftige Urtheile als begründet anerkannt sind, oder in Folge jetzt vor den Verwaltungsbehörden oder den Gerichten anhängiger Verhandlungen als begründet anerkannt werden, oder welche innerhalb einer Frist von zwei Jahren, vom Tage der Verkündigung gegenwärtigen Gesetzes an zu rechnen, von wirklich in Besitz befindlichen Nutzungsberechtigten vor den Gerichten eingeleitet werden.

Art. 62. Es sollen in Zukunft keine Nutzungsrechte,

von welcher Art und unter welchem Vorwand es auch sein mag, mehr in den Staatswaldungen verliehen werden.

Art. 63. Die Regierung kann die Waldungen des Staats von jeder Holzberechtigung durch Abtretung eines Waldtheiles befreien, der gütlich oder, im Fall man nicht übereinkommt, durch die Gerichte festzustellen ist.

Die Klage auf Befreiung der Nutzung im Wege der Waldabtretung steht nur der Regierung und nicht den Berechtigten zu.

Art. 64. Was alle übrigen Nutzungsrechte irgend welcher Art, namentlich die Waldweide, die Eichelmast und die Eichellese, in den Staatswaldungen betrifft, so können diese nicht durch Waldabtretung abgelöst, sondern sie können vermittelst Geld-Entschädigungen, welche durch gegenseitige Uebereinkunft, oder im Falle des Streites durch die Gerichte zu bestimmen sind, losgekauft werden.

Die Ablösung des Weiderechts kann jedoch in den Orten, wo die Ausübung desselben für die Bewohner einer oder mehrerer Gemeinden unumgänglich nothwendig geworden ist, nicht von der Verwaltung verlangt werden. Wird aber diese Nothwendigkeit von der Forstverwaltung bestritten, so können sich die Parteien an den Bezirksrath wenden, welcher nach einer angestellten Untersuchung über den Vortheil oder Nachtheil entscheidet, vorbehaltlich der Berufung an den kaiserlichen Rath.

Kaiserl. Verordnung vom 12. April 1854.

Art. 1. Liegt Anlaß vor, die Staatswaldungen von Holzberechtigungen mittelst Waldabtretung zu befreien, so legt die Forstdirektion dem Ober-Präsidenten den Vorschlag dazu vor, welcher über die Zweckmäßigkeit entscheidet, nachdem er das Gutachten des Direktors der Zölle und indirekten Steuern eingeholt hat.

Wenn die Zweckmäßigkeit festgestellt ist, so schreiten zwei Forstverwaltungsbeamten zu den nöthigen Vorarbeiten, um das dem Nutzungsberechtigten zu machende Angebot festzustellen.

Art. 2. Das Angebot ist von der Forstverwaltung dem Ober-Präsidenten einzureichen, welcher nach vernommenem Gutachten des Direktors der Zölle und indirekten

Steuern dem Bezirks-Präsidenten geeigneten Falles aufträgt, dasselbe dem Nutzungsberechtigten zuzustellen.

Art. 3. Wenn der Nutzungsberechtigte erklärt, daß er das Angebot annehme, so wird zwischen dem Bezirks-Präsidenten und ihm in der Verwaltungsform eine Urkunde aufgenommen, durch welche seine Annahme festgestellt wird, vorbehaltlich der Genehmigung durch den Ober-Präsidenten.

Art. 4. Wenn der Nutzungsberechtigte Abänderungen an dem ihm zugestellten Plane vorschlägt, oder ganz ablehnt, demselben beizutreten, so ist hierüber an den Ober-Präsidenten zu berichten, welcher entscheidet und geeigneten Falles die Forstdirektion beauftragt, die Klage auf Ablösung durch Waldabtretung anzustellen.

Art. 5. Soll die Ablösung irgend welchen anderen Nutzungsrechtes, außer auf Holz, nach der der Regierung durch Art. 64 des Forstgesetzbuches ertheilten Befugniß bewirkt werden, so wird über die Zweckmäßigkeit dieser Ablösung auf den Vorschlag der Forstverwaltung von dem Ober-Präsidenten nach vernommenem Gutachten des Direktors der Zölle und indirekten Steuern entschieden.

Wenn das Nutzungsrecht einer Gemeinde zusteht, so ist der Bezirks-Präsident zuvor aufzufordern, sein mit Gründen versehenes Gutachten über die unumgängliche Nothwendigkeit der Nutzung für die Einwohner abzugeben.

Hat sich der Ober-Präsident für die Zweckmäßigkeit der Ablösung ausgesprochen, so theilt der Bezirks-Präsident dem Bürgermeister der nutzungsberechtigten Gemeinde die Entscheidung mit, indem er ihn anweist, den Gemeinderath Beschluß fassen zu lassen, ob derselbe, wenn er es für angemessen erachtet, den durch Abs. 2 des Art. 64 des Forstgesetzbuches ihm vorbehaltenen Rechtsweg beschreiten will.

Es ist hierauf nach den Bestimmungen des Art. 1, Absatz 2 und der Art. 2, 3 und 4 dieser Verordnung zu verfahren.

Art. 6. Die Gemeinden oder öffentlichen Anstalten, welche ihre Waldungen von Nutzungsrechten irgend welcher Art im Wege von Waldabtretung oder Geldabfindung befreien wollen, richten ihren desfallsigen Antrag an den Bezirks-Präsidenten, welcher über die Zweckmäßigkeit nach vernommenem Gutachten der Forstverwaltungsbeamten entscheidet.

Handelt es sich um ein Nutzungsrecht, welches mit Geld abgelöst werden kann, wie im Absatz 2 des Art. 64 des Forstgesetzbuches vorgesehen ist, so wird nach Vorschrift der Absätze 2 und 3 des Art. 5 dieser Verordnung verfahren.

Art. 7. Die Vorarbeiten, um das Angebot an Abfindungsfläche oder an Geld zu bestimmen, werden in der Weise bewirkt, wie durch Art. 1, Absatz 2 dieser Verordnung vorgezeichnet ist. Jedoch ist auf Verlangen der Gemeinde oder der besitzenden Anstalt, den zwei Forstverwaltungsbeamten ein dritter Sachverständiger, dessen Ernennung der Gemeinde oder der Anstalt zusteht, beizugeben. Dieser dritte Sachverständige macht gemeinschaftlich mit den Forstverwaltungsbeamten die nöthigen Vorarbeiten, um das Angebot festzustellen.

Die besitzende Gemeinde oder Anstalt wird von dem Bezirks-Präsidenten zu der Erklärung aufgefordert, ob sie beabsichtigt, dem Angebote von Waldabtretung oder Geldentschädigung Folge zu geben. Fällt die Erklärung bejahend aus, so wird das Angebot dem Ober-Präsidenten unterbreitet. Derselbe beschließt über die Angemessenheit und Zweckmäßigkeit der Angebote.

Hierauf wird nach den Artikeln 3 und 4 dieser Verordnung verfahren.

Jedoch müssen die Abänderungen, die von dem Nutzungsberechtigten in dem durch Art. 4 vorgesehenen Falle vorgeschlagen werden, von der besitzenden Gemeinde oder Anstalt angenommen und von dem Ober-Präsidenten genehmigt worden sein. Wenn der Nutzungsberechtigte sich weigert, die Angebote anzunehmen, so kann die Klage vor den Gerichten nur von dem Bürgermeister oder den Anstaltsverwaltern in den durch die Gesetze vorgeschriebenen Formen angestrengt werden.

Die Entschädigungen und Kosten, wozu die Forstverwaltungsbeamten als berechtigt anerkannt werden und die Gebühren des dritten Sachverständigen werden ganz von den Gemeinden oder öffentlichen Anstalten getragen.

Art. 8. Die Artikel 112, 113, 114, 115, 116 und

145 der Königlichen Verordnung vom 1. August 1827 werden aufgehoben.

Kaiserl. Verordnung vom 19. Mai 1857.

Art. 1. Die Vorschläge, welche bestimmt sind, die Zweckmäßigkeit der Ablösungen mittelst Waldabtretung auszusprechen, sind von der Forstdirektion dem Bezirks-Präsidenten zu übersenden, welcher nach vernommenem Gutachten des Direktors der Zölle und indirekten Steuern Alles mit seinem eigenen Gutachten dem Ober-Präsidenten einreicht.

Hierauf wird gemäß Art. 1 der Verordnung vom 12. April 1854 verfahren.

Art. 2. Bei der Abschätzung des Werthes der Nutzung gibt jede Art von Rechten Anlaß zu einer besonderen Schätzung.

Art. 3. Um den jährlichen Betrag einer Bauholzberechtigung abzuschätzen, wird die Gesammtmasse der Hölzer von den abzugebenden Arten, welche auf die Gesammtheit der nutzungsberechtigten Gebäude fällt, festgestellt und diese Holzmasse durch die Anzahl Jahre, welche die mittlere Dauer dieser Hölzer darstellt, unter Berücksichtigung der verwendeten Holzarten, des Alters der Hölzer, ihrer Stärke und der örtlichen Verhältnisse, wie Klima, Lage, Ortsgebräuche u. s. w. getheilt.

In dem Falle jedoch, wo seit einer längeren Reihe von Jahren die Abgaben von Bauholz beständig in gewöhnlichen Verhältnissen stattgefunden haben, kann der Durchschnitt dieser Abgaben, wenn sie bekannt sind, als Werth des jährlichen Nutzungsbetrages des Rechtes angenommen werden.

Um der Feuersgefahr Rechnung zu tragen, wird dem Geldwerthe des jährlichen Nutzungsbetrages an Bauholz diejenige Summe hinzugesetzt, für welche die nutzungsberechtigten Gebäude jährlich versichert worden sind, oder hätten versichert werden können.

Art. 4. Der jährliche Betrag des Brennholzrechtes, so oft dasselbe nicht in einer festen Abgabe besteht, und der jährliche Betrag aller anderen Nutzungsrechte auf Holz, außer auf Bauholz, werden nach Durchschnittssätzen bestimmt, die aus einer möglichst großen Anzahl von Jahren zu nehmen sind.

Art. 5. Jedesmal, wenn die durch die Titel festgesetzten Abgaben die Zulänglichkeit des Waldes übersteigen, bildet die Feststellung dieser Zulänglichkeit die Schätzung des jährlichen Nutzungswerthes.

Diese Regel ist auf die Veranschlagung jeder Art von Nutzungsrechten anzuwenden.

Art. 6. Der Geldwerth der jährlichen Abgaben wird nach dem Marktpreise der Gegend bestimmt.

Art. 7. Von der Summe, welche den jährlichen Werth der Abgaben darstellt, werden abgezogen:

1) die von den Berechtigten auf Grund der Titel bezahlten oder schuldigen Gegenleistungen;
2) der Antheil an den Schutzkosten, welchen sie jährlich bezahlt haben;
3) die Werbungskosten für die abgegebenen Hölzer, wenn dieselben bei der Veranschlagung der Abgaben nicht bereits abgezogen worden sind;
4) geeigneten Falles die Kosten der Arbeiten, die als Last auf die Berechtigungsschläge gelegt werden.[1]

---

[1] Gesetz über die Nebenwege v. 21. V. 1836. Art. 14. Jedesmal wenn ein Nebenweg, den eine Gemeinde ꝛc. in fahrbarem Stand erhält, durch Ausbeutung von Bergwerken, von Steingruben, durch Waldnutzung oder durch jede gewerbliche Unternehmung, sie liege in der Hand von Privatpersonen, öffentlichen Anstalten, der Krone oder des Staates, beständig oder zu gewissen Zeiten abgenutzt wird, können den Unternehmern oder Eigenthümern, je nachdem die Abnutzung für die einen oder für die anderen stattgefunden, besondere Beiträge auferlegt werden, deren Höhe der außergewöhnlichen Abnutzung angemessen sein soll.

Diese Beiträge können, nach der Wahl der Beitragenden, in Geld oder in Natural-Leistungen entrichtet werden, und sie müssen einzig und allein für die Wege angewandt werden, welche Anlaß dazu gegeben haben.

Sie sollen jedes Jahr, auf Antrag der Gemeinden ꝛc., von den Bezirksräthen, nach vorherigen zu widersprechenden Anschlägen von Sachverständigen, festgesetzt und wie die direkten Steuern erhoben werden.

Die Sachverständigen werden auf Grund des unten folgenden 17. Artikels ernannt.

Diese Beiträge können auch auf Vorausbezahlung bestimmt werden; in diesem Falle werden sie vom Bezirkspräsidenten in versammeltem Bezirksrathe festgesetzt.

Für die Grundsteuer wird kein Abzug gemacht, es sei denn, daß deren Bezahlung durch eine ausdrückliche Bestimmung des Titels den Berechtigten zur Pflicht gemacht wäre.

Die Kosten für Stempel der auf die Abgaben bezüglichen Schriftstücke werden auch nicht in Abzug gebracht.

Art. 8. Diejenigen Holzerträge, welche die Berechtigten aus ihren eigenen Waldungen jährlich beziehen, werden von dem Werthe des Nutzungsrechtes nicht in Abzug gebracht, ausgenommen in dem Falle, wo dies im Titel ausdrücklich bedungen ist, oder wenn nach der, einem Titel gleichstehenden, thatsächlichen Ausübung des Rechtes die Abgaben den Nutzungsberechtigten erst dann geleistet zu werden brauchen, wenn sie ihre eigenen Holzerträge bereits verwendet haben und als Ergänzung dieser Erträge.

Art. 9. Der Reinertrag des Nutzungsrechtes wird kapitalisirt zu dem zwanzigfachen Betrage.

Art. 10. Zu dem so bestimmten Werthe des Nutzungsrechtes soll als Vergünstigung zugesetzt werden:

1) eine Summe von 15 Prozent des gedachten Werthes;
2) das nach dem zwanzigfachen Jahresbetrage ermittelte Kapital der Forstschutzkosten und Abgaben, welche die durch Waldabtretung einmal abgefundenen Berechtigten als Eigenthümer künftig zu tragen haben.

Art. 11. Wenn der von Holzberechtigungen zu befreiende Wald außerdem noch mit Weiderechten belastet ist, so soll, um die Inhaber dieser Rechte insoweit, als dieselben den zur Abfindungsfläche bestimmten Waldtheil belasten, zu entschädigen, dem Kapitale des Nutzungswerthes eine Summe hinzugefügt werden, die gleich ist dem zwanzigfachen Jahresertrage der Weide, der von der besagten Waldfläche gezogen werden könnte.

Art. 12. Die Abfindungsfläche soll so viel als möglich den Berechtigten bequem gelegen sein.

Art. 13. Alles Oberirdische der Abfindungsfläche soll nach seinem zeitigen Verkaufswerthe abgeschätzt werden.

Die Hölzer, welche noch zu jung sind, um zur Zeit einen Handelswerth zu haben, sind nach dem Werthe abzuschätzen, den sie muthmaßlich in dem Alter haben werden, wo sie anfangen jener Anforderung zu entsprechen.

Art. 14. Der Boden wird nach dem Werthe abgeschätzt, welchen bestandener Holzboden gleicher Art in der Gegend hat.

Dieser Werth wird nach dem Durchschnitte der etwa bekannt gewordenen Veräußerungen bestimmt. Sind Veräußerungen nicht bekannt, so wird der Boden unmittelbar durch Berechnung geschätzt, die sich auf den Reinertrag gründet, dessen der Boden bei Forstbetrieb fähig sein würde, unter Annahme einer nach dem größten jährlichen Zinsertrage von dem verwendeten Kapitale bestimmten Ausnutzung.

In dem einen wie in dem andern Falle wird der Ertrag der Weidenutzung unter die Bestandtheile des Bodenertrages gerechnet.

Das Jagd- und Fischerrecht wird nicht in Rechnung gestellt.

Der bei den Berechnungen anzuwendende Zinsfuß ist der bei Anlagen in liegenden Gütern gleicher Art in der Gegend übliche.

Art. 15. Die Verhandlungen über den Vorschlag zur Ablösung mittelst Waldabtretung sind in doppelter Ausfertigung aufzunehmen. Ein Plan über die Abfindungsfläche, auf welchem der dem Berechtigten zugestandene Waldtheil deutlich dargestellt ist, wird beigefügt.

F. G. B. v. 21. V. 1827. Tit. III. Abschn. 8.

Art. 65. In allen Waldungen des Staats, welche nicht vermittelst Waldabtretung oder Geldentschädigung in Gemäßheit obiger Artikel 63 und 64 von der Ausübung der Nutzungsrechte befreit werden, kann dieser Genuß von der Verwaltung nach dem Zustande und der Zulänglichkeit des Waldes beschränkt werden, und darf nur den folgenden Artikeln gemäß stattfinden.

Im Falle von Streitigkeiten über die Zulänglichkeit und den Zustand des Waldes hat der Bezirksrath zu entscheiden.

Art. 66. Das Eichellesen und die Eichelmast dürfen nicht länger als drei Monate dauern.

Ihr Anfang wird jedes Jahr von der Forstverwaltung bestimmt.

Art. 67. Von welchem Alter und von welcher Holzart die Waldungen auch sein mögen, so können die Berechtigten ihre Weide- und Eichelmastrechte nur in denjenigen Waldorten ausüben, welche von der Forstverwaltung als geöffnet erklärt sind, vorbehaltlich der Anrufung des Bezirksraths, und zwar dies ungeachtet aller entgegengesetzten Besitzrechte.

Art. 68. Die Forstverwaltung wird nach Maßgabe der Nutzungsrechte die Zahl der Schweine, welche in die Eichelmast, sowie auch des anderen Viehes, welches auf die Weide getrieben werden dürfen, bestimmen.

Art. 69. Jedes Jahr vor dem 1. März für die Weide, und einen Monat vor der von der Forstverwaltung für die Eröffnung der Eichellese und der Eichelmast festgesetzten Zeit, haben die Forstbeamten den Gemeinden und Privatpersonen, welche im Genusse von Nutzungsrechten sind, die als geöffnet erklärten Waldorte, sowie auch die Zahl des Viehes, welches daselbst auf die Weide und in die Mast getrieben werden darf, anzuzeigen.

Die Bürgermeister sind gehalten, diese Anzeigen in den berechtigten Gemeinden bekannt zu machen.

Art. 70. Die Berechtigten dürfen ihre Weide- und Eichelmastrechte nur mit dem Vieh ausüben, welches sie zu ihrem eigenen Bedarf halten, und nicht mit dem, womit sie Handel treiben, bei einer Geldbuße, doppelt so hoch, als die im Artikel 199 angedrohte.[1]

Art. 71. Die Wege, auf welchen das Vieh zur Weide und Eichelmast ein- und ausgetrieben werden soll, sind von dem Forstbeamten zu bezeichnen.

---

[1] Die Eigenthümer des Viehes, welches bei Tage in Holz von 10 Jahren und darüber im Frevel betroffen wird, sind zu einer Geldstrafe zu verurtheilen von:

	80 Pf.	für	1 Schwein;
1 M.	60 „	„	1 Schaf;
2 „	40 „	„	1 Pferd oder anderes Lastthier;
3 „	20 „	„	1 Ziege;
4 „	— „	„	1 Ochsen, 1 Kuh oder 1 Kalb.

Die Geldstrafe beträgt das Doppelte, wenn das Holz jünger als 10 Jahre ist; vorbehaltlich des etwaigen Schadenersatzes.

Gehen diese Wege durch Mittelwaldbestände oder junge Hochwaldorte, die nicht geöffnet sind, so können auf gemeinschaftliche Kosten der Berechtigten und der Verwaltung hinlänglich breite und tiefe Gräben gezogen oder irgend andere Einzäunungen gemacht werden, um das Vieh von solchen Beständen abzuhalten.

Art. 72. Die Heerde jeder Gemeinde oder jeder Abtheilung einer Gemeinde muß von einem oder von mehreren Hirten, welche die Gemeindebehörde wählt, gehütet werden; demnach dürfen die Einwohner der berechtigten Gemeinden weder selbst ihr Vieh auf die Weide treiben, noch dasselbe durch Andere treiben und besonders hüten lassen, bei 1 Mark 60 Pfg. Strafe für jedes Stück Vieh.

Die Schweine oder das sonstige Vieh einer jeden berechtigten Gemeinde oder Abtheilung einer solchen, müssen eine besondere Heerde bilden, ohne daß sich Vieh aus einer anderen Gemeinde oder Abtheilung einer solchen darunter befinden darf; widrigenfalls der Hirt in eine Geldbuße von 4—8 Mark und im Rückfalle in eine Gefängnißstrafe von 5 bis 10 Tagen fällt.

Die Gemeinden und Abtheilungen einer solchen haben für die Geldstrafen, welche gegen besagte Hirten oder Hüter erkannt werden, sowohl wegen der Vergehen und Uebertretungen, die in gegenwärtigem Titel benannt sind, als auch wegen aller anderen Forstfrevel, die sie während der Zeit ihres Dienstes und innerhalb der Grenzen des Weidebezirks begehen, zu haften.

Art. 73. Die Schweine und sonstiges Vieh müssen mit einem besonderen Zeichen versehen werden.

Dieses Zeichen muß für jede berechtigte Gemeinde oder Abtheilung einer solchen verschieden sein.

Für jedes Schwein oder für jedes sonstige Stück Vieh, das nicht gezeichnet, ist eine Geldbuße von 2 Mark 40 Pf. zu erlegen.

Art. 74. Der Berechtigte ist gehalten, einen Abdruck des Zeichens in der Gerichtsschreiberei des Landgerichts, sowie das zum Zeichnen bestimmte Eisen bei dem Oberförster zu hinterlegen; alles bei 40 Mark Strafe.

Art. 75. Die Berechtigten müssen allen Thieren, welche sie auf die Weide schicken, Schellen an den Hals hängen, bei 1 Mark 60 Pfg. Strafe für jedes Stück, welches ohne Schelle im Walde betroffen wird.

Art. 76. Wenn Schweine und sonstiges Vieh der Berechtigten außerhalb der als geöffnet erklärten oder für die Eichelmast angewiesenen Waldorte oder außerhalb der für den Trieb bezeichneten Wege betroffen werden, so ist gegen den Hirten eine Geldbuße von 2 Mark 40 Pf. bis 24 Mark zu verhängen. Im Rückfall kann der Hirt außerdem zu einer Gefängnißstrafe von 5 bis 15 Tagen verurtheilt werden.

Art. 77. Wenn die Berechtigten mehr Vieh auf die Weide oder mehr Schweine in die Eichelmast treiben, als von der Verwaltung gemäß Artikel 68 festgesetzt ist, so sind wegen des Ueberschusses die in Artikel 199 angedrohten Strafen zu verhängen.

Art. 78. Es ist allen Berechtigten ungeachtet entgegenstehender Verträge und Besitzverhältnisse verboten, Ziegen, Schafe oder Hämmel in die Waldungen oder auf die dazu gehörigen Flächen zu treiben oder treiben zu lassen, widrigenfalls die Eigenthümer in eine doppelt so hohe Geldbuße als die im Artikel 199 angedrohte, die Hirten oder Schäfer aber in eine Geldbuße von 12 Mark verfallen. Im Rückfalle wird der Hirt, außer der Geldbuße, zu einer Gefängnißsträfe von 5 bis 15 Tagen verurtheilt.

Diejenigen, welche begründen, vorgedachtes Weiderecht vermöge rechtsgiltiger Verträge oder eines denselben gleichstehenden Besitzes ausgeübt zu haben, können eine Entschädigung fordern, welche durch gegenseitige Uebereinkunft oder im Fall des Streites durch die Gerichte bestimmt wird.

Jedoch kann die Schafweide an gewissen Orten durch kaiserliche Verordnung erlaubt werden.

Art. 79. Diejenigen, welche auf Abgabe von Holz irgend einer Art Anspruch haben, dürfen das Holz nicht eher holen, bis es ihnen von den Forstbeamten überwiesen ist, unter den im Titel 12 auf Holzdiebstahl gesetzten Strafen.

Art. 80. Diejenigen, welche nur ein Recht auf abgestorbenes, trockenes und auf dem Boden liegendes Holz haben, dürfen sich zur Ausübung dieses Rechts, bei 2 Mark

40 Pfg. Strafe, keiner Haken oder eiserner Werkzeuge irgend einer Art bedienen.

Art. 81. Wenn das Brennholz schlagweise abgegeben wird, so muß dasselbe auf Kosten der Berechtigten durch einen besonderen Unternehmer gefällt und aufgearbeitet werden, welchen sie zu wählen haben und welcher von der Forstverwaltung zu bestätigen ist.

Kein Holz darf von den Berechtigten einzeln auf dem Stamme stehend vertheilt noch gefällt werden, und die Loose können nur alsdann gemacht werden, wenn der Schlag ganz gehauen ist, bei Strafe der Einziehung des Theils des gehauenen Holzes, welches jedem der Uebertreter zukömmt.

Die Beamten, welche die Uebertretung erlaubt oder geduldet haben, verfallen in eine Geldbuße von 40 Mark und bleiben außerdem persönlich und ohne irgend einen Einspruch machen zu können, für das schlechte Fällen und für alle etwa begangenen Frevel verantwortlich.

Art. 82. Die Unternehmer der Fällung von Schlägen, welche den Berechtigten angewiesen werden, haben alles zu beobachten, was den Steigerern hinsichtlich der Ausnutzung und Räumung der Schläge vorgeschrieben ist; sie sind derselben Verantwortlichkeit unterworfen und unterliegen, wenn Frevel oder Uebertretungen begangen werden, den nämlichen Strafen.

Die Berechtigten oder die Gemeinden, welche Nutzungsrechte haben, haften sammtverbindlich für die Strafen, welche gegen gedachte Unternehmer ausgesprochen werden.

Art. 83. Es ist den Berechtigten verboten, das ihnen überwiesene Holz zu verkaufen oder zu vertauschen oder es zu irgend einem andern Zwecke zu verwenden, als zu dem, für welchen das Nutzungsrecht bewilligt ist.

Für das Brennholz zieht eine Zuwiderhandlung 8 bis 80 Mark Strafe nach sich.

Hinsichtlich des Bauholzes oder irgend anderes Holz, welches nicht zur Heizung bestimmt ist, beträgt die Geldbuße das Doppelte vom Werth des Holzes, jedoch nicht unter 40 Mark.

Art. 84. Das Bauholz muß innerhalb zwei Jahren verwendet sein, welche Zeitfrist jedoch von der Forstverwaltung verlängert werden kann. Nach Ablauf derselben kann sie über die nicht verwendeten Stämme verfügen.

Art. 85. Die im Artikel 57 enthaltenen Verbote sind auf alle irgend Berechtigten, und zwar bei denselben Strafen anwendbar.[1]

V. v. 1. VIII. 1827. Tit. II. Abschn. 9.

Art. 117. Im Falle von Streitigkeiten über den Zustand und die Zulänglichkeit der Waldungen, sowie über die Weigerung, das Vieh in gewissen für geschlossen erklärten Waldorten zur Weide und Eichelmast zuzulassen, hat die Berufung gegen die, von den Bezirksräthen in Gemäßheit der Artikel 65 und 67 des Forst-Gesetzbuchs erlassenen Entscheidungen, so lange aufschiebende Wirkung, bis im Kaiserlichen Rathe darüber entschieden ist.

Art. 118. Die Bürgermeister der Gemeinden und die Privatpersonen, welche in den Waldungen des Staats das Weidrecht oder das Eichelmastrecht haben, müssen dem Oberförster jedes Jahr vor dem 31. Dezember für die Weide und vor dem 30. Juni für die Eichelmast das Verzeichniß des Viehes zustellen, welches jeder Berechtigte besitzt, mit Unterscheidung desjenigen, welches er zu seinem eigenen Gebrauche hält, und desjenigen, womit er Handel treibt.

Art. 119. Jedes Jahr müssen die Oberförster je nach der Beschaffenheit, dem Alter und der Lage der Waldungen diejenigen Waldorte durch Protokolle feststellen, welche zur Weide, Eichellese und Schweinemast in den diesen Berechtigungen unterworfenen Waldungen geöffnet werden können; sie müssen die Anzahl der Thiere, welche darin zugelassen werden können, und die Zeitpunkte, an welchen die Ausübung dieser Nutzungsrechte beginnen und aufhören soll, bezeichnen.

Die Vorschläge der Forstverwaltungsbeamten müssen

---

[1] **Art. 57.** Es ist den Steigerern verboten, Eicheln, Bucheln oder andere Früchte, Samen oder sonstige Erzeugnisse des Waldes abzuschlagen, zu sammeln oder wegzuschaffen, bei einer Geldstrafe, welche doppelt so hoch sein soll, als die im Artikel 144 angedrohte.

Gesetz v. 18. VI 1859. Außerdem kann auf Haft bis zu 3 Tagen erkannt werden.

für das Weidrecht vor dem 1. Februar und für die Eichellese und Schweinemast vor dem 1. August, der Forstdirektion zur Genehmigung vorgelegt werden.

Art. 120. Die Hirten der berechtigten Gemeinden werden von dem Bürgermeister gewählt und durch den Gemeinderath bestätigt.

Art. 121. Das zum Zeichnen des Viehes dienende Eisen und der Abdruck desselben müssen nach Vorschrift des Artikels 74 des Forst-Gesetzbuchs, vor der für die Eröffnung der Weide oder der Schweinemast bestimmten Zeit bei Vermeidung der in besagtem Artikel angedrohten Strafen von dem Berechtigten hinterlegt werden.

Der Oberförster ertheilt dem Berechtigten Bescheinigung über diese Hinterlegung.

Art. 122. Das Brennholz, welches nach Raummetern abgegeben wird, soll als Verbindlichkeit in den versteigerten Schlägen mit einbegriffen, und den Berechtigten von den Steigerern zu der im Lastenhefte festgesetzten Zeit verabfolgt werden.

Für die berechtigten Gemeinden wird das Holz dem Bürgermeister überwiesen, welcher es sodann unter die Einwohner vertheilen läßt.

Wenn das Brennholz schlagweise abgegeben wird, so muß der Unternehmer der Fällungsarbeiten durch den Oberförster bestätigt werden.

Art. 123. Es soll den Berechtigten Holz zu Neubauten oder zu Ausbesserungen nur gegen Vorlage von Bau-Anschlägen, welche durch Bauverständige aufgestellt worden sind und den Bedarf nachweisen, abgegeben werden.

Diese Bau-Anschläge müssen jedes Jahr vor dem 1. Februar dem Oberförster zugestellt werden, welcher den Empfang bescheinigt, und, nachdem die Forstdirektion die für nöthig erscheinenden Prüfungen hat anstellen lassen, sendet dieselbe das Verzeichniß aller dergleichen Anträge zugleich mit der Uebersicht der gewöhnlichen Schläge an den Oberpräsidenten, um seine Genehmigung zu erhalten.

Die Abgabe dieser Hölzer wird als lastende Bedingung auf die zu versteigernden Schläge gelegt und erfolgt durch den Steigerer zu der im Lastenheft festgesetzten Zeit an den Berechtigten.

FSC
www.fsc.org
MIX
Papier | Fördert gute Waldnutzung
FSC® C083411

Kolibri 360 GmbH
Ferdinand-Jühlke-Straße 7
99095 Erfurt, Deutschland
produktsicherheit@kolibri360.de